鳄鱼百科

汪华东 编著

暨南大学出版社
JINAN UNIVERSITY PRESS

中国·广州

图书在版编目(CIP)数据

鳄鱼百科/汪华东编著. —广州: 暨南大学出版社, 2015. 6
ISBN 978-7-5668-1414-2

Ⅰ.①鳄… Ⅱ.①汪… Ⅲ.①鳄鱼—普及读物 Ⅳ.①Q959.6-49

中国版本图书馆CIP数据核字(2015)第089946号

出版发行: 暨南大学出版社

地　址: 中国广州暨南大学
电　话: 总编室(8620)85221601
　　　　营销部(8620)85225284　85228291　85228292(邮购)
传　真: (8620)85221583(办公室)　85223774(营销部)
邮　编: 510630
网　址: http://www.jnupress.com　http://press.jnu.edu.cn

排　版: 广州市科普电脑印务部
印　刷: 佛山市浩文彩色印刷有限公司

开　本: 787mm×1092mm　1/16
印　张: 7
字　数: 142千
版　次: 2015年6月第1版
印　次: 2015年6月第1次

定　价: 20.00元

善康董事长汪华东

广东省文史馆馆员屈干臣赠送亲笔书法“善康长寿”给善康董事长汪华东

原广州军区副政委龚平秋授予善康集团“老年文化协会副会长单位”牌匾

善康董事长汪华东与原广东省副省长、98 岁老红军范希贤在一起

善康董事长汪华东与原广州军区空军政委张政先在一起

善康董事长汪华东与原广州军区副政委高天正中将在一起

善康董事长汪华东与原广州军区后勤部政委李书健少将在一起

善康董事长汪华东与抗战老战士、战斗英雄杨绍华在一起

善康董事长汪华东与原广州市老龄办书记吴云华在一起

善康董事长汪华东与原广州市副市长陈绮绮在一起

前 言

在笔者原先的认知中，鳄鱼一直是很“凶残”的动物，因为它会吃人。仅凭这一点，就足以让每个人对鳄鱼敬而远之。但是，自从看到《国家地理》制作的一个有关鳄鱼的纪录片，笔者便开始对鳄鱼产生了浓厚的兴趣。这种从恐龙时代存活至今的物种，不仅生命力极为顽强，更拥有八项动物之最（如最长寿、免疫力最强、血液携氧量最高等），值得我们为之探索。

而将鳄鱼与食疗养生联系在一起，则主要是受到了两方面的启发。其一是近年来，由于环境污染的不断加剧，国内接二连三地曝出空气污染（如各地频繁出现的重度雾霾）、水污染以及土壤重金属污染等事件，癌症的发病率越来越高。据有关统计表明，在中国平均每六分钟就有一人确诊为癌症。终生不患癌症的鳄鱼无疑值得我们深度研究，以期“学以致用”。

其二，笔者翻阅了大量的中医药典，例如东汉时期的《神农本草经》、唐朝的《千金方》、明朝的《本草纲目》、清朝的《医林纂要》，还有现代的《中药大辞典》，发现鳄鱼不仅在治疗肿瘤方面功效独到，还对脂肪肝、糖尿病、肾病，乃至帕金森病、哮喘病、皮肤病、风湿病等疑难杂症有着很好的治疗作用。这不能不说是鳄鱼带给我们的又一大惊喜。在“三高四病”严重困扰着广大中老年朋友的今天，鳄鱼无疑为我们恢复健康提供了另外一种可能。

尤为难得的是，鳄鱼不是副作用很大的中药材，而是一种药食同源的膳食材料。在抗生素滥用、过度医疗频繁发生的今天，有越来越多的有识之士开始注重食疗养生。事实上，按照现代营养学的观点，有很多慢性疾病是无法用药物治愈的，而只能靠营养素去调理，只有营养素修复了受损的细胞，身体才能彻底康复。这和中医历来所提倡的“三分治，七分养”的养生理念可谓殊途同归。

那么，作为几乎对九大类中老年疾病都有治疗作用的鳄鱼，难道不是今天人们食疗养生的上佳之选吗？

为了让人们更全面地了解鳄鱼，笔者广泛收集了国内外各种有关鳄鱼的研究成果、学术研究报告和相关的新闻报道，希望能对广大读者进一步了解鳄鱼有所帮助。但即便如此，笔者相信对于神奇的鳄鱼来说，我们还只是走出了探索的第一步。

鳄鱼的生命密码还有哪些？人类能从鳄鱼身上获得更多的健康养生乃至延年益寿的方法吗？希望本书的出版只是在抛砖引玉。

汪华东

2015年4月27日于广州

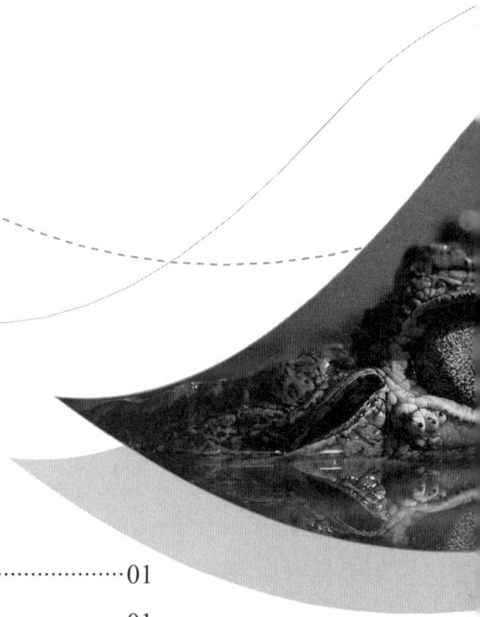

目 录

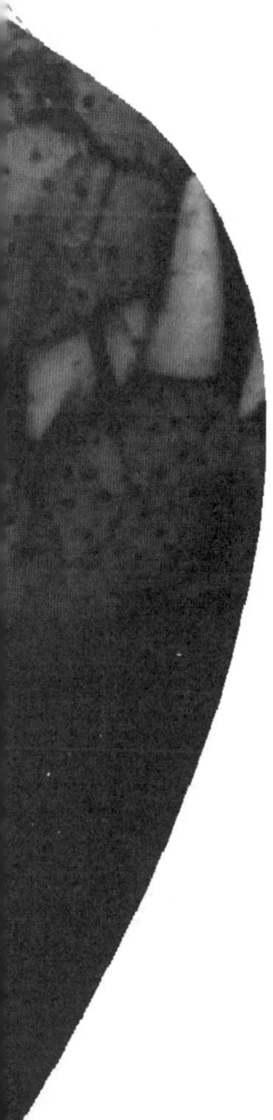

鳄鱼“八最”

鳄鱼，又名初龙或土龙，是祖龙现存唯一的后代，与恐龙出现于同一时期（三叠纪至白垩纪的中生代），为冷血卵生、脊椎类两栖爬行动物，拥有八项“动物之最”。

- **鳄鱼是地球上存活至今最古老的爬行动物，与恐龙同时代，有“活化石”之称**

距今2亿5 000万年前，恐龙曾统治着地球。但是，大约在6 500万年以前，恐龙却意外地从地球上消失了。考古专家普遍认为恐龙的灭绝可能与行星碰撞地球导致的灾难有关，大部分动植物都没有逃过此次劫难，但与恐龙同时代的鳄鱼，却奇迹般地生存了下来。

- **鳄鱼是地球上寿命最长的爬行动物，平均寿命在150岁以上，比龟和鳖还长**

据吉尼斯世界纪录，寿命最长的海龟活了152岁。而在泰国，流传着一家十几代人看护同一条鳄鱼的传说，按20年一代新人计算，该鳄鱼的年龄应该超过了250岁。

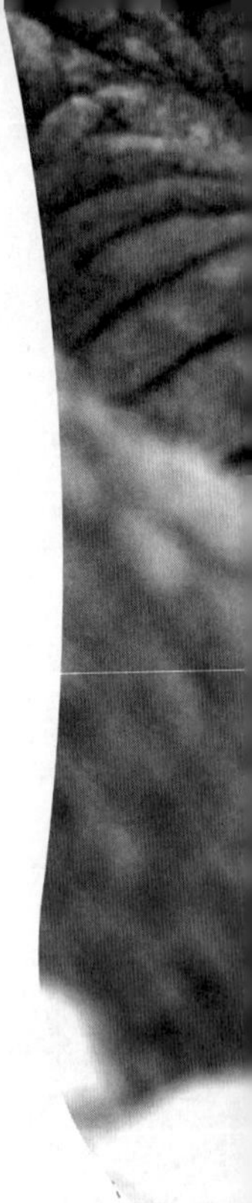

• 鳄鱼是地球上免疫力最强的动物，终生不患癌症，鳄鱼血清可以杀死艾滋病病毒

美国科学家曾经做过这么一个实验：向鳄鱼等数百种动物体内注入黄曲霉素，结果其他动物相继死亡，经解剖发现这些死去的动物全部因为患肿瘤而死。唯一的幸存者就是鳄鱼。黄曲霉素是一种强烈的致癌物质，比农药敌敌畏的毒性还要强100倍，是医学界公认的能够百分之百导致人体患上癌症的物质。

• 鳄鱼是地球上携氧能力最强的爬行动物，鳄鱼独有四个心房心室，其血液含氧量是其他爬行动物的100倍

其他爬行动物都只有三个心房心室，而鳄鱼却与人类一样，拥有四个心房心室。

超强的携氧能力，让鳄鱼可以在水下潜伏两到三个小时，这和鲸鱼能够屏息的时间不相上下。

• 鳄鱼是地球上最大的爬行动物，湾鳄最长有10米，重量高达数吨

2000年，以美国古生物学家保罗 · 赛罗诺为首的一行17人在撒哈拉沙漠发现了史前超级巨鳄的化石，其体长如同一辆公共汽车，从头到尾长达12米，估计体重超过8吨；善康集团三亚养殖基地最大的种鳄有5米长，一顿可以吞食上千斤食物。

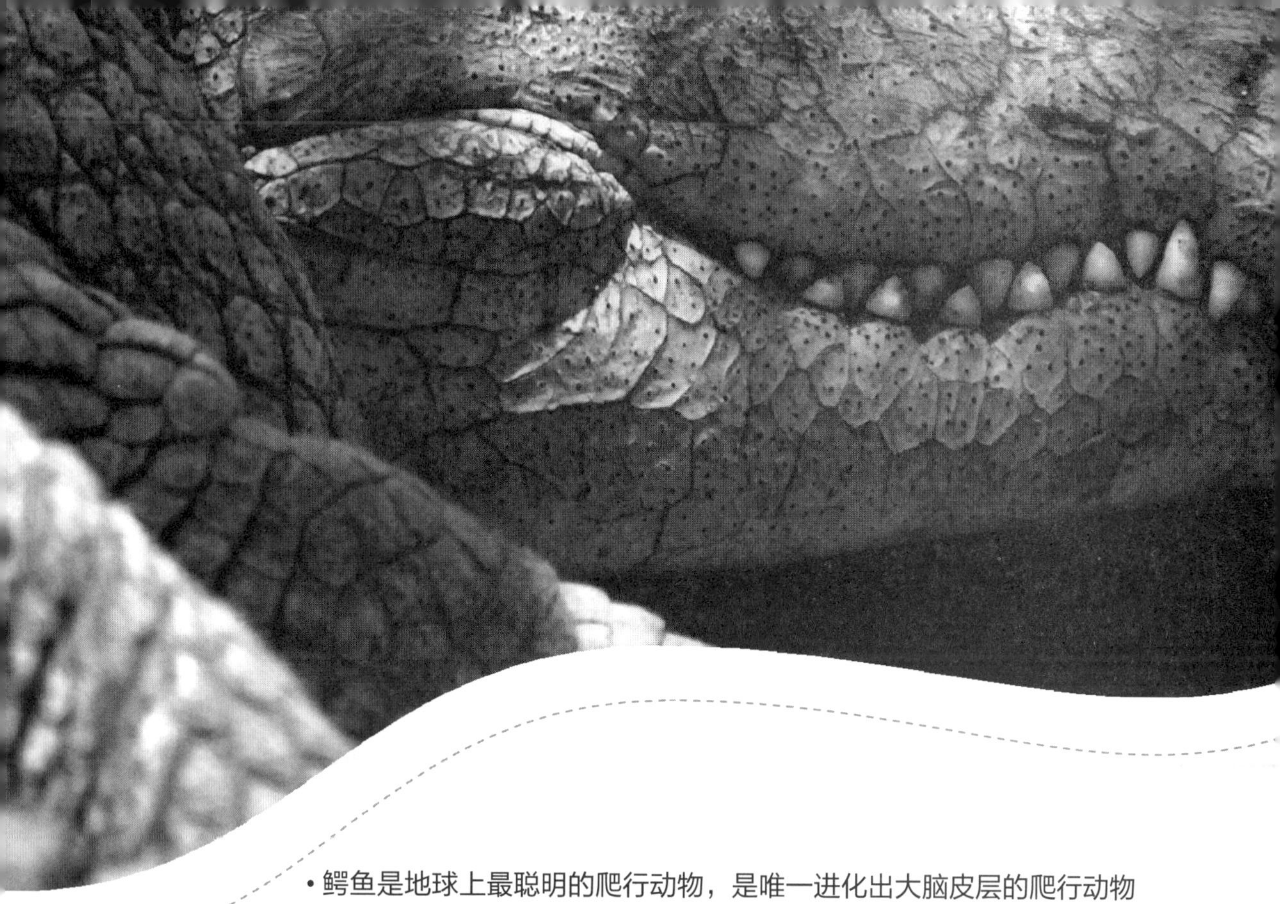

• 鳄鱼是地球上最聪明的爬行动物，是唯一进化出大脑皮层的爬行动物

鳄鱼的智商相当于10岁儿童的智商。在加拿大有一家人带着13岁的儿子外出度假，他们在距离湖边十几米的地方扎营。鳄鱼在连续观察了3天之后，选择了在人警惕性最低的时候——凌晨四点，攻击最易得手的对象——体形最小的男孩。最后由于该男孩在挣扎中用手拨开了鳄鱼气管上方的叶片导致鳄鱼气管进水，加之其父母朝鳄鱼开枪，该男孩才得以断臂逃生。

• 鳄鱼是地球上咬合力最大的动物，湾鳄的咬合力可达4 200磅，是狮子的4倍多

鳄鱼吞食猎物的方法是先一口咬住，然后整个身子在水中猛烈地翻滚形成巨大的“扭矩”，这足以将任何庞大的猎物撕成碎片。鳄鱼的这种吞食方法被美国科学家称为“死亡翻滚”。

• 鳄鱼是地球上骨头最硬的爬行动物，骨头比牛骨硬10倍，需要特制合金钢才能切割

鳄鱼骨头的钙含量要远远高于其他动物。牛颈上部由于经常拉犁，所以异常坚硬，但鳄鱼的骨头比该部位还要坚硬数倍。现在国内的鳄鱼加工刀具都是由从德国进口的特制合金钢制成的。

鳄鱼“四奇”

（1）在极端情况下，鳄鱼可以坚持六年不进食也不会饿死。

（2）鳄鱼的肝脏可在腹腔中前后移动以调节身体重心。

（3）鳄鱼的性别由孵化蛋周围的温度决定，通常温度在32℃以上（包括32℃）为公鳄，32℃以下为母鳄。

（4）鳄鱼每次交配2～3小时，一条公鳄可以连续和五六条母鳄交配，累计交配时间可以长达16小时。

“龙”的原型是扬子鳄吗

龙的原型究竟是什么动物一直众说纷纭，要解开这个谜团，须从华夏民族的悠久历史中去追溯。

当原始人类从以采集野果和渔猎为生转向以种植为生的时候，谷物成了主要食物，而收获数量就决定了人们的生存质量。还处在进化初级阶段智慧尚不发达的古代人，面对自然界变化无常且频繁发生的各种灾害，既无法理解也无力控制，但又不甘心听任大自然摆布，于是就寄希望于一些可以左右大自然以帮助抵御灾害的神灵，企图通过祈祷和供奉这些神灵图腾以求得护佑。

在华夏民族的发祥地黄河流域，受温带季风气候影响，洪涝灾害对人威胁极大，所以人们渴求有一种能主宰雨水，保佑风调雨顺、五谷丰登的神灵。处在不同地域和环境中的古代人类，感受到的身边自然物的益处和害处不同，因此，人们心目中代表自然物精华和灵气的对象也各不相同，某种生活在身边的动物就是最常用的造神素材，于是我们的祖先便创造出一种以我国特有的鼍属鳄科爬行动物——扬子鳄为原型的寓意性主水神灵形象——龙。

扬子鳄这种曾与恐龙共同生活了一亿多年，至今仍奇迹般保持了原始形态的"活化石"是如何被塑造成龙的呢？夏商朝以前，黄河流域的环境像《水经注》记载的"杂树交荫，云垂烟接"那样，曾是山清水秀、植被丰富的地方，古气象学的研究表明那时气候还相当温暖潮湿，因此生活着大量的扬子鳄。由于扬子鳄狰狞的相貌、能在水中和陆地两栖生活的奇特习性以及经常在水中半潜似隐似现的诡秘行踪，古人对它产生了既恐惧又敬畏的心理，所以众人眼中具有威严和神秘感的动物——扬子鳄便成了主水神灵形象的原型。

尽管龙的形象在古人言传口授的相传中融合、兼并其他动物的内容，人为扭曲变形，导致走失了原来的模样，但仍然具有扬子鳄的全部基本形态特征：

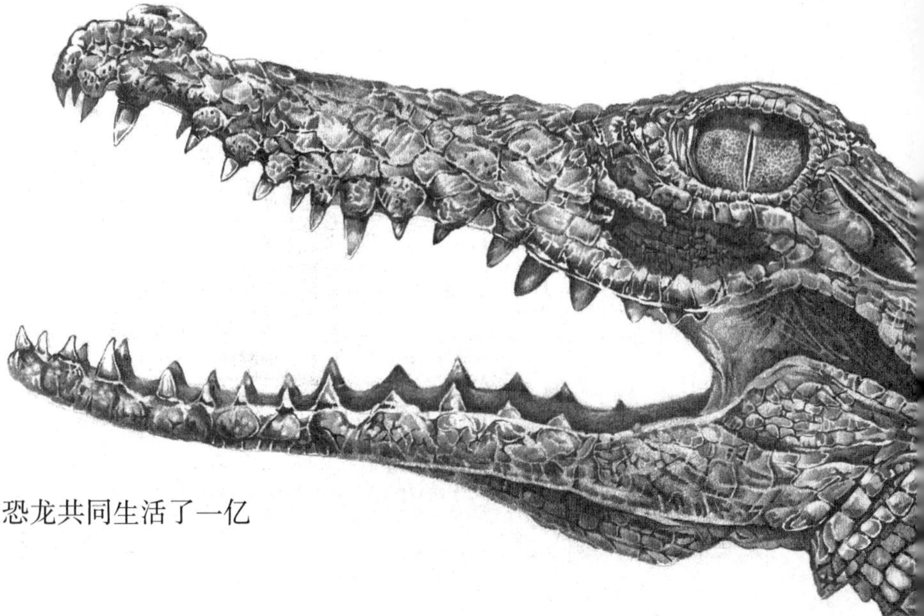

（1）披满鳞甲的身躯；
（2）长颚大口和位于头顶的翘鼻；
（3）锋芒毕现的锥形尖牙；
（4）大而圆的突起的眼睛；
（5）粗壮的长尾；
（6）强健的四肢和五指利爪；
（7）有横条纹的腹部。

为了弥补扬子鳄秃头尖尾有损神灵形象的缺陷，古人发挥了充分的想象力，给它添加了角、须、尾鳍，还把它背部纵向排列的突起角质棘刺换成锯齿状背鳍，并拉长躯体以渲染气势，提升装饰效果，于是扬子鳄就被塑造成了传说中描绘的张牙舞爪、能腾云驾雾的龙的形象了。虽然经过艺术夸张后，幻化的龙与现实中的扬子鳄有了许多不同之处，但对比之下，仍可看到扬子鳄——长颚、尖牙、披鳞、利爪等主要特征的影子。

后来黄河流域由于人为破坏生态，乱砍滥伐，造成水土流失、环境恶化、气候变冷，适宜于暖湿环境的扬子鳄难以生存便逐渐绝迹了（现仅存于我国安徽省南部等地区）。因为扬子鳄在现实生活中不再广泛存在，其在人们记忆中的印象便淡化消失，流传下来的只是祖先们创造的龙的形象，于是龙与扬子鳄成了两种不同的概念，龙的来历开始变得扑朔迷离。

早期的龙是无角的，在1987年河南省濮阳市发掘出土的一个距今6 000年的古墓葬中就曾发现用蚌壳摆的扬子鳄（龙）图形。在仰韶文化彩陶上描绘的龙也是大头长尾的爬行动物。四川大足南山的云龙石刻雕塑则更是呈现出一个无角无须、蹙眉瞪目、活灵活现的扬子鳄形象。有角的龙最早见于商代甲骨文和青铜器上，山西省出土的一个商代青铜器龙纹觥的造型就出现了双角，器身纹饰则与扬子鳄的体纹完全相同。

汉字是象形文字，甲骨文中的龙字便是大口、曲体的动物形象。“龙”字的读音则是鳄鱼叫声的模拟音，鳄鱼发出的吼叫是低沉的“隆隆”声，因此，“隆”（龙）声就成了古代对鳄鱼的称谓，时至今日，扬子鳄在我国南方民间的俗称仍是“土龙”“猪婆龙”。

神灵的出现并非是盲目的有意编造，它是人类认识和经历的真实记录，古往今来，许多有关龙的记载、传说、民俗都与扬子鳄的生活习性相关。

扬子鳄生活在河湖沼泽地带，《左传》中“深山大泽，实生龙蛇”即指龙（即扬子鳄）与蛇生活在类似的环境中，是习性相近的两种动物。

扬子鳄在水边打造迷宫似的地下洞穴，洞底距地面2～3米，平时也多栖息于水中，故人们想象出“龙王居住在水底龙宫”的神奇景象。而每当发洪水扬子鳄因洞穴被冲毁而四处逃避时，人们便认为“龙王在兴风作浪”，岂不知扬子鳄也是洪水的受害者。扬子鳄以鱼、蛙、蚌等为食，蚌壳内多有珍珠。扬子鳄生性凶残，长期饥饿时还会自相残杀。扬子鳄争食蚌类时，嘴里吐出珍珠，便有了“二龙戏珠”之说。

扬子鳄六月交配，七月产蛋。雄鳄是通过叫声寻找雌鳄的（鳄鱼是唯一会叫的爬行动物），而每年六月正是黄河流域多雨季节的开始，于是人们把扬子鳄响亮的叫声与风雨的来临联系在一起。风雨欲来时的电闪雷鸣也启发了古人，认为风雨雷电与龙有密切的关系，于是古人视龙为雷雨之神，《山海经》中就有“雷泽有神，龙身人头”的记载，认定“龙可以呼风唤雨”。

《说文解字》中描述“龙……春分而登天，秋分而潜渊”。世界上仅有扬子鳄与密西西比鳄这两种生活在温带的鳄鱼需要

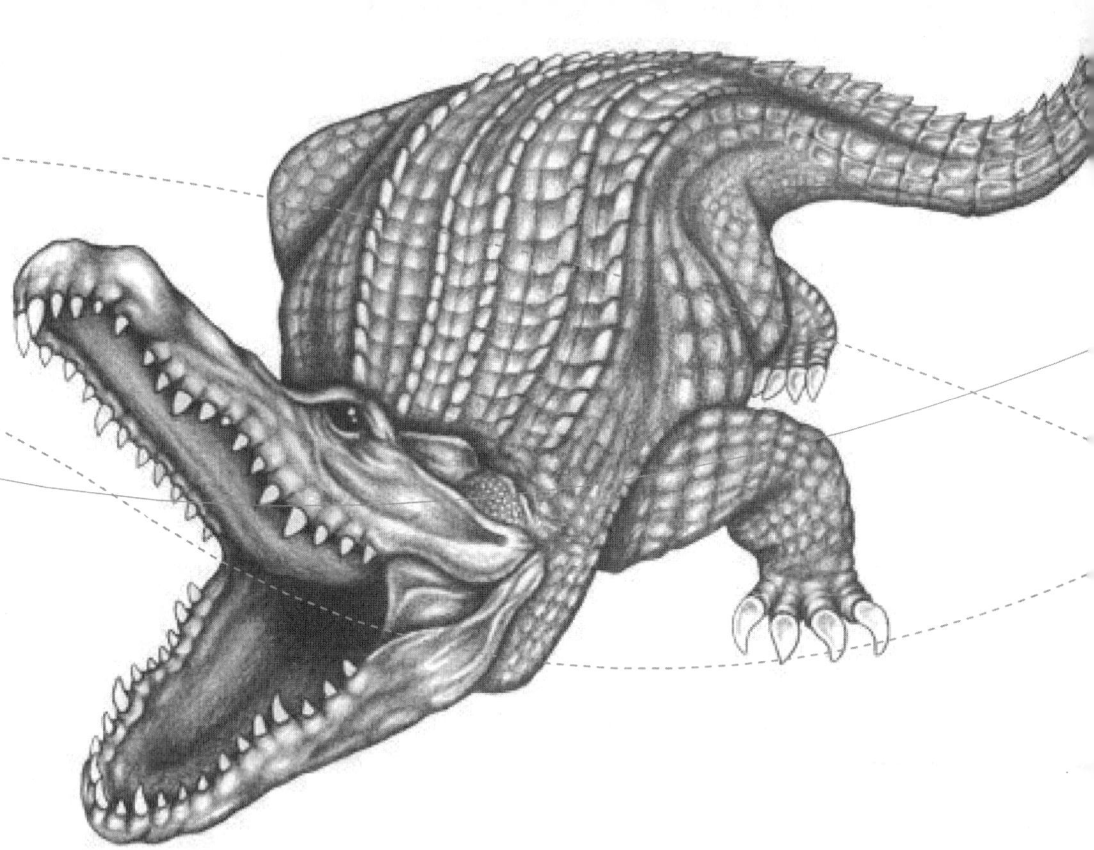

冬眠。因气候原因，每到初冬时它们便进入冬眠期，当春天（农历二月）来临大地解冻时，蛰伏了一冬天的它们开始外出活动，同时这时候也到了黄河流域开始下雨的季节，先民们把二者也联系在一起，于是就有了“二月二，龙抬头”的说法。

诸如此类很多，就不一一列举了。至于龙与其他实有动物一起出现在十二生肖中也是很自然的，因为在夏商以前，古人所指的龙就是现实中的扬子鳄，而鳄鱼是全球范围内人们普遍关注崇拜的动物之一，在埃及以及希腊的十二生肖中也都有鳄鱼。

龙是祭神文化的特定产物，古籍中说：“水以龙。”可见龙是作为主水神灵被创造出来的（即传说中的龙王），关于龙与古代民族社会的图腾崇拜有关的说法，没有充分的依据。自有文字记载以来，远古华夏民族的各氏族都是以汉字姓氏作标志的，没有用动物图形作标志的记载。远古人类的抽象思维能力很低，还不能用逻辑的方法思考问题，只能用类比、具象的方法认识事物，要创造一种综合各种动物特征的虚拟动物形象，是古代先民难以做到的。人的想象力总会受到某种制约，无论多么奇怪的神灵，都只能以真实性为背景创造出来；无论多么离奇的神话，最终都能在现实中找到构成它的原始素材，因此，龙不是虚拟的动物。

《尔雅·翼》中谈到龙有“九似”（角似鹿、颈似蛇、爪似鹰、头似牛、眼似虾、耳似象、腹似蛇、鳞似鱼、掌似虎），是指龙的局部形态与一些动物相似而已，并没有具体指出龙是综合哪九种动物的特点而创造出来的。古代外国民族的崇拜标志也都是实有动物（鹰、虎等）或人兽结合（狮身人面）的形象。

（文章摘自 http://tieba.baidu.com/p/32458964）

鳄鱼的眼泪是怎么回事

鳄鱼流泪并不是因为伤心，而是在排除身体里面多余的盐分。一般生活在海里的鳄鱼，喝进了大量海水，体内积蓄了不少盐分，于是，它就利用眼眶中专门处理盐分的器官功能，把多余的盐分浓缩起来，借助于眼睛，把盐分像泪珠那样排出体外。

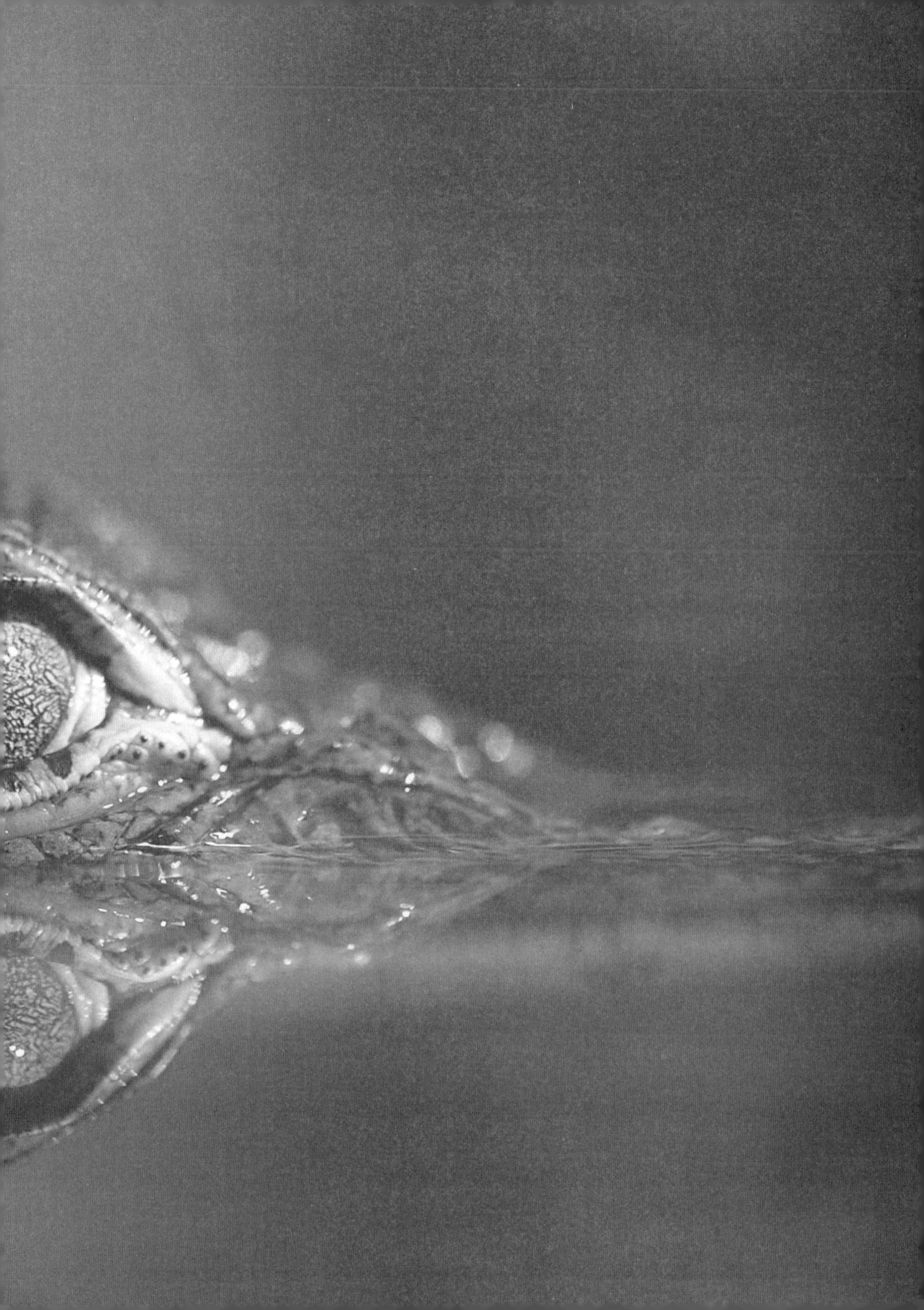

鳄鱼种类知多少

全球现在仅存23种鳄鱼。分别是印度食鱼鳄、马来鳄、奥里诺科鳄、莫瑞雷鳄、尼罗鳄、非洲长吻鳄、沼泽鳄、新几内亚鳄、暹罗鳄（泰国鳄）、湾鳄、澳洲淡水鳄、强森鳄、非洲侏儒鳄、美洲鳄、中国扬子鳄、眼镜凯门鳄、宽吻凯门鳄、巴拉圭凯门鳄、盾吻古鳄、黑凯门鳄、菲律宾鳄、密西西比鳄、古巴鳄。

其中，美洲鳄是分布最广泛、数量最多的鳄鱼；湾鳄是体形最大的鳄鱼，最长有10米，重量达数吨；盾吻古鳄是体形最小的鳄鱼，成年后只有1.2米；黑凯门鳄是最喜欢攻击家畜的鳄鱼，也因此常常被当地人捕杀。

我国扬子鳄主要分布在安徽、浙江、江西局部地区等长江中下游地区。扬子鳄体长一般只有1.5米，不如尼罗鳄和暹罗鳄的体形那么巨大。扬子鳄是短吻鳄的一种，属于国家一级保护动物，不允许买卖与捕杀。我国养殖类鳄鱼主要是暹罗鳄、湾鳄和尼罗鳄。

哪里可以观赏到鳄鱼

东南亚、非洲、南美洲、北美洲、澳洲北部等世界各地都有鳄鱼的踪迹。美国迈阿密动物园、布朗克斯动物园是人工繁殖鳄鱼的观赏基地。我国目前最大的鳄鱼观赏基地是位于广州番禺的鳄鱼公园，该公园占地面积近70公顷，拥有湾鳄、尼罗鳄、扬子鳄等鳄鱼近10万条。

我国最大的商品鳄鱼养殖基地位于海南三亚，占地面积上千亩，拥有暹罗鳄、湾鳄、尼罗鳄等种鳄数千条，商品鳄鱼数万条。两广地区也有多个小型鳄鱼养殖基地，养殖的鳄鱼数量大多在一千条以下。

中药经典

《神农本草经》称鮀鱼（即鳄鱼）主治心腹癥瘕，伏坚积聚，寒热，女子崩中下血五色，小腹阴中相引痛，疥疮死肌。所谓心腹癥瘕主要指的是五脏六腑的疾病，伏坚积聚指的是人体内暗藏的坚硬的肉块，实际上也是现代的肿瘤，甚至连女子白带异常、月经疼痛也能治疗。所谓死肌则主要指已经失去知觉的身体部位，这种病多见于患有偏瘫、动脉硬化、静脉曲张等疾病的老年人身上。

其中，“瘕”在《黄帝内经·素问·大奇论》中有明确定义——肾脉小急，肝脉小急，心脉小急，不鼓，皆为瘕。可见，鳄鱼在治疗肾脏、肝脏和心脏疾病方面有着独特的作用。

“积”在《黄帝内经·难》中有“心积、肺积、脾积、肝积、肾积”五积之分，足见鳄鱼在治疗五脏疾病方面的权威疗效。

《神农本草经》简称《本草经》或《本经》，是中国现存最早的药物学专著。成书于东汉，并非出自一时一人之手，而是秦汉时期众多医学家总结、搜集、整理当时药物学经验成果的专著，是对中国中草药的第一次系统总结，被誉为中药学经典著作。

《神农本草经》为什么称鳄鱼为鮀鱼？这个“鮀”字在古代和神医华佗的“佗”实际上是通假字，古人用字一向很严谨，用华佗的名字来命名一种动物，肯定是因为它在治疗疾病方面的作用非比寻常，只有像神医华佗那样能妙手回春，才能获此殊荣。

据《本草纲目》记载：鳄鱼“主治少呼吸，足不立地，湿气邪气，诸它腹内，症瘩恶疮”。所谓少呼吸，即指哮喘、支气管炎、肺炎等症状，同时也包括由心脏病引发的胸闷气短等症状；足不立地主要指身体衰弱的老年人或瘫痪者，气血不足，站立不稳；中医认为人体是一个循环的系统，只有气血畅通才能健康运转，湿气邪气恰恰阻碍这个系统的运转，从而导致各种疾病的出现，尤其是内脏更容易出问题；诸它腹内指内脏失调；症瘩恶疮，指反复发作、难以治好的疮病，实际上现代的叫法就是肿瘤。其中，“瘩”指脾脏郁结成块的病，脾脏在中医上主“水谷精微”，是消化系统和营养输送系统的发动机，脾脏出问题将会导致人体各个器官组织无法获得充足的营养和能量，表现在临床上就是经常性的疲倦乏力甚至饥饿，严重者身体会长期处于虚脱状态，各器官加速衰退和老化。脾脏同时有“人体血库”之称，可过滤并净化血液，对心脑血管疾病患者的康复也极为重要；脾脏还可制造免疫球蛋白，对提高人体免疫力也起到重要作用。

《本草纲目》是明朝伟大的医药学家李时珍为修改古代医书的错误而编的，他以毕生精力，亲自实践，广收博采，实地考察，对本草学进行了全面的整理总结。该书历时27年编成，是李时珍30余年心血的结晶。这本药典，不论是它严密的科学分类，还是所包含药物的数目之多和流畅生动的文笔，都远远超过古代任何一部本草著作，被誉为“东方药物巨典”，对人类近代科学以及医学方面影响甚大。

《名医别录》称鳄鱼“主五邪涕泣时惊，腰中重痛，小儿气癃，眦溃”。

《本草拾遗》称鼍甲“主恶疮，腹内癥瘕”“炙烧浸酒，主瘰疬，杀虫，瘘疮，风顽疥瘙”。唐代《千金方》收有鼍甲汤，用于治“风癫”。

宋代《图经本草》说“南人食其肉，云色白如鸡，但发冷气痼疾”。

清代《医林纂要》称鼍肉“用熬膏，溃坚拔毒，去瘀生肌”。

1977年版的《中药大辞典》归纳其功用主治为“治癥瘕、症痞，恶疮溃烂”。

（文章摘自http://blog.ifeng.com/article/28484030.html）

长生奥秘

国际：美国、澳大利亚、英国科学家抢先研究鳄鱼

最先发现鳄鱼可能有不同寻常的药用价值的人是美国电视台女记者伏勒顿·斯密斯。她奉命拍摄一部有关鳄鱼生活习性的纪录片。在拍摄过程中，她发现鳄鱼在相互撕咬中经常伤痕累累，却从不会因为这些外伤而感染。她认为其中必有奥秘，于是将这个想法告诉了美国的生物研究专家。

很快，美国的研究者就从鳄鱼血液中分离出一种肽，这种肽能破坏细菌的细胞膜和氨基酸链。在试验中他们发现，针尖大的鳄鱼蛋白就可以杀死大部分种类的病毒，包括恐怖的抗药性金黄色葡萄球菌（简称MRSA，是一种曾在全球引起巨大恐慌的超级细菌，至今几乎没有任何抗生素可以杀死该细菌）和多达8种的白色念珠菌。白色念珠菌是一种酵母菌，免疫力低下的人群极易感染。后来，科学家还惊奇地发现鳄鱼血液中的蛋白质是艾滋病病毒的克星。澳大利亚科学家亚当·布鲁说："如果你取一试管的HIV病毒，对比加入鳄鱼血清和人类血清，结果可以发现，鳄鱼血清所杀死的HIV病毒要比人类血清所杀死的多得多。"

能够对抗超级细菌和艾滋病病毒的两大惊天发现，让全球医学界争先恐后地开始研究鳄鱼。美国最权威、最具国际影响力的科技探索节目《国家地理》曾经专门制作了一期鳄鱼纪录片《湾鳄之秘》（优酷网址：http://v.youku.com/v_show/id_XNzY5MTA3NTI=.html），将鳄鱼研究热潮推向了巅峰，美国、澳大利亚、英国、中国等各国生物专家纷纷加入其中。

国内：国家林业局、国家工商总局首次联合批准试点

长期以来，在我国私自捕杀国家一级保护动物最高可以被判处十年以上有期徒刑，但为了跟上国际鳄鱼研究的步伐，国家林业局和国家工商总局从2004年以来，采取了试点的办法，允许个别有实力的企业率先从事鳄鱼研究和鳄鱼产品的深加工工作。

在国家政策的大力扶持下，善康集团和广东回元堂公司强强联手，携旗下三亚鳄鱼养殖基地、清远市回元堂药业有限公司，与广州南建土木工程有限公司等数家大型企业，累计投入近一亿元的资金，开始了鳄鱼保健营养品的研发工作。

中山大学、清华大学专家联合参与研究，荣获多项国家专利

为了集中中国最顶尖的研发力量，善康集团先后聘请了中山大学、清华大学的生物学专家教授，包括蛋白质专家、细胞学专家、酶工程专家等，其中不乏国内知名的博士生导师，例如原中山大学生命科学学院院长、现任中山大学副校长徐安龙，许东晖博士等。

2007年，善康集团与中山大学生命科学学院合作成立了中国第一所鳄鱼研究所，此举标志着我国在鳄鱼研究领域已经步入了正规化与国际化的轨道。研究所历时三年，终于成功开发出了国内第一款鳄鱼保健营养品——鳄肽宝，打响了我国鳄鱼保健产业的第一枪。

目前，善康集团已经获得了多项突破性研究成果，包括神奇癌症克星——超级缩氨酸（科洛克因子）、抗顽固炎症英雄——鳄鱼肽蛋白、长寿基因优化核酸、血红蛋白超级氨基酸链和提高免疫力专家鳄鱼多糖等。

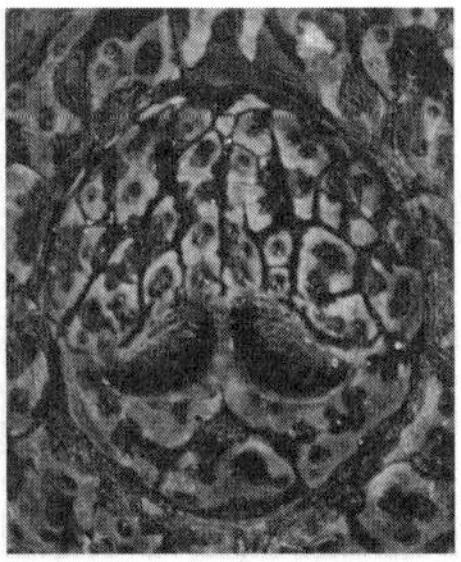
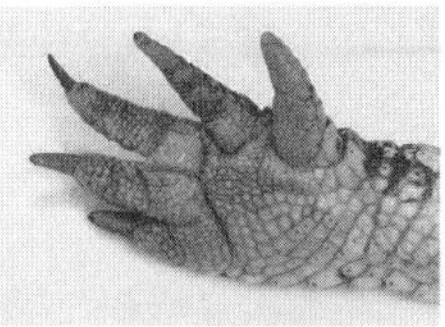
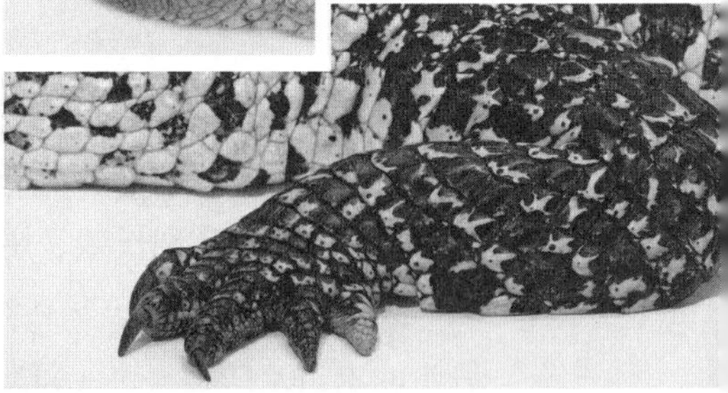
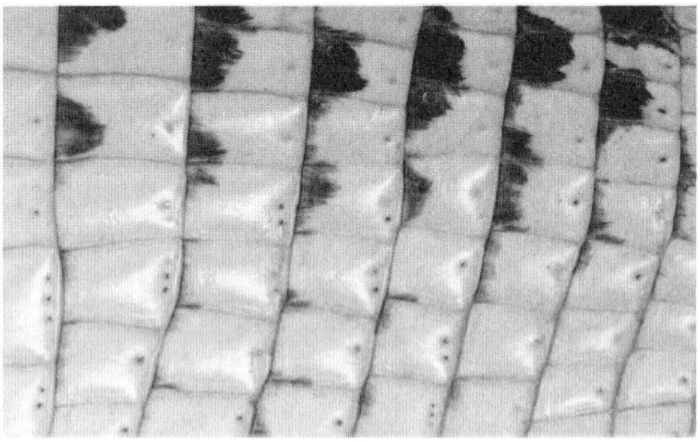

鳄鱼研究四大突破性成果

成果一：鳄鱼能实现长效、平稳、无副作用降血压

人的血压为什么会升高？原因只有一个——血管堵塞，这就好比用手指堵住水龙头的出口水压会升高一样。而造成血管堵塞的主要原因有两个，一是血液中的垃圾自由基——血小板大量聚集在一起，形成了血栓，堵塞了血管；二是长期饮食不当，造成胆固醇和甘油三酯在血管壁上大量沉淀，形成血管里面的“山峰”，阻碍了血液的正常流通。

传统的西药降压正是针对这两种情况下手。一种是想办法把血栓溶解掉，但血栓的成分本身就极为复杂，要溶解掉血栓不仅不容易，还会对本身比血栓还要脆弱的血管造成无法挽回的伤害，其治疗的结果必然是血管加速老化，变得越来越脆弱，破裂的危险与日俱增。

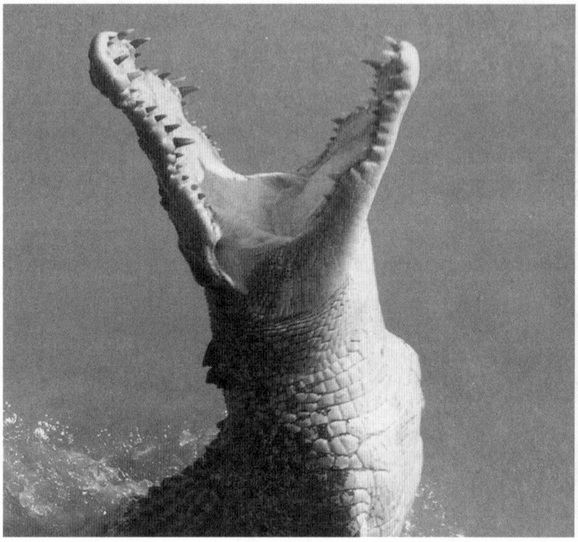

第二种方法就是通过药物的刺激，让血管扩张，这样血液就可以绕过血栓或沉淀物顺利流通，血压自然就降下来了。这是目前最常见的治疗高血压的方法。但是，由于血栓依然存在，药物一停，血压就会重新上升，这也是现在高血压患者要反复用药的直接原因。除此以外，这种疗法还有一个很大的后遗症，即下次血栓继续增多，是否要进一步扩张血管？长期扩张下去，用药量必然越来越大，血管壁必然越来越薄，终有一天会“砰”地一声破裂，人也就中风了。

鳄鱼的降压原理和西药完全不一样。首先我们要弄清楚血液中的垃圾自由基——血小板是如何形成的。我们知道，几乎人体所有的生化反应都需要氧气的参与，没有充足的氧气，人体的这些反应就像汽车发动机的气缸因空气不足而冒烟一样，这种情况下人体也会产生大量的“烟尘”，这就是自由基，在脸上就成了皱纹，在血液里就成了血小板。鳄鱼体内的血红蛋白有特殊的球状结构的氨基酸链，而人体的为碟状，鳄鱼的这种球状结构使其血液含氧量是人和其他动物的100倍以上。服用鳄鱼的这种血红蛋白后会和人体血液形成一种叫作HBSUBA的超级混合血红蛋白，其能显著提升人体血液的含氧量，氧气充足了，人体的各个器官就能够充分地正常运转，就不容易产生过多的自由基。

自由基产生的第二个原因是身体的正常磨损。人是一台生物机器，长期使用各器官必然会有磨损，磨损中产生的垃圾就是自由基。正常情况下，人体可以通过体内超氧化物歧化酶SOD去回收清除这些垃圾，但是50岁之后，人体SOD含量就大幅下降，清除自由基的能力也就大大降低。鳄鱼SOD的活力是人类SOD的8～15倍，可以以接近10倍的速度清除这些垃圾，包括血液中的自由基血小板，即从根本上减少了血液中的垃圾。

因此，鳄鱼降低血压的方法是从根本着手，靠从根本上减少血小板的产生，防止血栓形成来达到预防高血压和降低血压的目的。

而对于体内已形成的大量胆固醇和甘油三酯沉淀，鳄鱼和所有深海鱼一样，体内含有大量的不饱和脂肪酸DHA和EPA，后者被称为“血管清道夫”，专门清除血管中的此类油性物质，而且没有西药的任何副作用。

没有了血栓，甚至连血栓形成的基础都不存在了，同时原来阻塞血管的沉淀物也被清除了，血压如何还能升上去？如何还能反复发作？所以，鳄鱼降血压与西药降血压的原理完全不同，是一种全新的、持久的、没有任何副作用的降血压之道。

成果二：鳄鱼独特的有氧降糖，突破了糖尿病治疗困局

糖尿病的发病原理通常是人体的胰岛素不能正常工作，而胰岛素是促进葡萄糖在体内“有氧分解”的关键物质。在氧气充足的条件下，葡萄糖会被正常分解成二氧化碳和水，前者被排出体外，而水可以被人体吸收，所以正常人吃多一点糖是没有什么问题的。而糖尿病病人由于血糖浓度过高，血液中的氧气含量极低，葡萄糖在这种环境中只能被分解成酮、乳酸和自由基，酮的大量聚集会导致人体酮中毒，所以糖尿病病情严重的时候，人会昏迷过去；而乳酸会破坏人体肾脏的功能，肾主管泌尿，负责调节人体酸碱度的平衡，被破坏之后，人体内就会聚集越来越多的尿素，一个糖尿病人如果身体十年都被浸泡在尿液中，可想而知其身体状况会很糟糕，所以糖尿病严重时会出现肾功能衰竭甚至尿毒症等症状。自由基在血液中就是血小板，所以糖尿病患者还很容易患有高血压、心脏病等并发症。

实际上，人体血液的功能是运输氧气和营养物质给人体的各个器官组织。血液黏稠度高了，血液在输送这些氧气和营养物质的时候，就会到处“碰壁”，原因是多处血管和毛细血管被堵塞，氧气和营养物质无法送达给需要的器官，进而造成越来越多的器官功能衰退。所以糖尿病如果不能得到及时有效的治疗，即使出现一百种并发症，也丝毫不奇怪，因为如果所有器官都得不到正常的营养供应和氧气供应，身体能不出问题吗？人体自然也会加速衰老。

我们知道，鳄鱼体内的血红蛋白有特殊的球状结构的氨基酸链，而人体的为碟状，鳄鱼的这种球状结构使其血液含氧量是人和其他动物的100倍以上，服用后会和人体血液形成一种叫作HBSUBA的超级混合血红蛋白，能显著提升人体血液的含氧量。这样就可以直接促进葡萄糖在体内被正常分解成二氧化碳和水，两者对人体都无害，糖尿病患者服用后很快就有“一身轻松”的感觉，身体的各种并发症也会随之消失。

所以，糖尿病的治疗如果抓不住病因，患者就会感觉百病缠身，服用各种药物也迟迟不能见效，身体成天被“毒素”(酮、乳酸、自由基)折磨着，后果十分可怕。但是找到了鳄鱼“有氧降糖”的新路子，一切就迎刃而解了。

成果三：鳄鱼“超级缩氨酸和优化核酸”成防癌抗癌的首选药物

癌症的发病原理是人体正常细胞由于受到外来化学物质（比如黄曲霉素、三聚氰胺等）的侵害或因自身疾病而发生了变异，从而脱离了人体基因的管辖。比如说人体基因规定了人一只手只能长五个手指头，但由于受到化学物质入侵或病变，人体基因发生了突变，长出了第六根手指头，这就是人体的“癌变”，而且这种癌细胞本身是由自身细胞变异而来的，人体的免疫系统也识别不出来该细胞已经“叛变”了，所以癌细胞通常会不受限制地一直长下去。

目前医院治疗癌症的方法不外乎手术、化疗和放疗。由于癌细胞会转移，手术后复发的可能性极大，所以基本上没有多少作用。化疗和放疗都会造成脱发、有气无力、吃什么吐什么等不良反应，而且大部分治疗者在一个月内体重通常会减轻10～20斤，身体极度虚弱。更要命的是，治疗效果微乎其微，只有10%的癌症患者能活过5年，而花费通常都在10万元以上。

在食品及环境安全日益严峻，而癌症死亡率已经高居死亡名单榜首的今天，有没有更好的防癌抗癌的选择？鳄鱼经历了两亿五千万年的进化，而体形甚少改变，而且鳄鱼是地球上唯一终生不患癌症的脊椎动物，原因就在于鳄鱼体内有一种特殊的优化核酸，该物质能维持基因的稳定性，确保在受到外来有害物质入侵或病变的时候，基因不发生突变，也就从根本上预防了癌症的发生。

此外，鳄鱼血液中有一种超级缩氨酸，这种超级缩氨酸不仅能识别人体内的癌细胞，而且能快速攻破癌细胞膜，潜入癌细胞内部将其分解，同时促进人体巨细胞、淋巴细胞、单核细胞对肿瘤细胞的裂解，破坏肿瘤细胞的外围防护因子，对肿瘤细胞起到抑制和杀灭作用。

美国科学家预测，用鳄鱼血治疗癌症，可以普遍延长癌症患者寿命5～30年，而且有效率高达97%，并且没有任何副作用。这也是香港肿瘤医院1升鳄鱼血卖到了8万美元的原因。

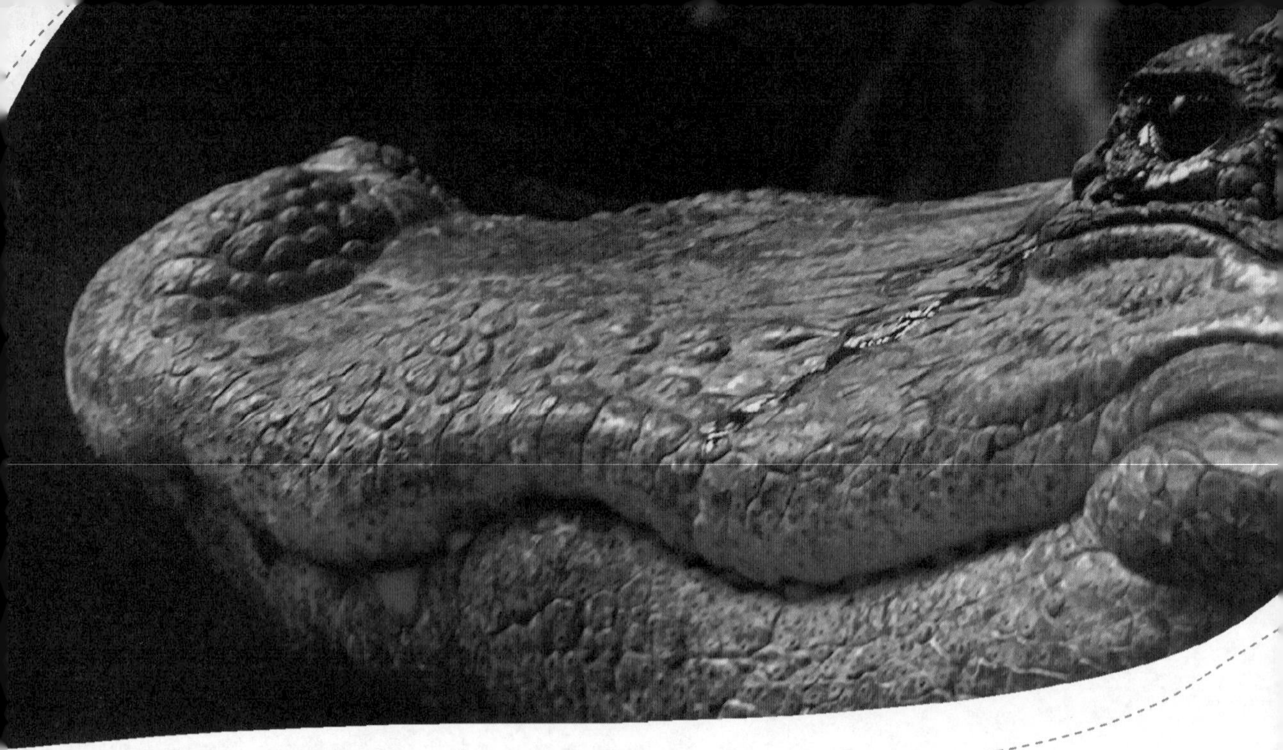

成果四：鳄鱼多糖破除“名医不治喘”的魔咒，让哮喘得以控制

支气管炎、肺炎、哮喘历来是难以根治的疾病，尤其是哮喘，中国有“名医不治喘”的说法，原因是哮喘本身没有特效药，一到冬天哮喘通常都会再次发作，再有名的医生也不敢说可以治好哮喘，有的甚至根本无从下手，弄不好反而坏了一世英名。

现代研究表明，这类疾病通常是患者自身免疫力低下造成的，通常这类疾病会在患者身体极度衰弱或天气突然转冷的情况下重新发作。现在医院的治疗方法通常是通过抗生素治疗，也就是通常说的打吊瓶。直接通过药物抗生素来杀死病菌固然有效果，但时间长了会产生两个不良后果：一是身体长期以来以抗生素对抗病菌，自身免疫系统的功能就会退化；二是细菌对抗生素会产生抗药性，下次再使用抗生素就不一定管用，或者需要的用量会越来越大。这也是一些支气管炎患者到医院打吊瓶的次数越来越多的原因。

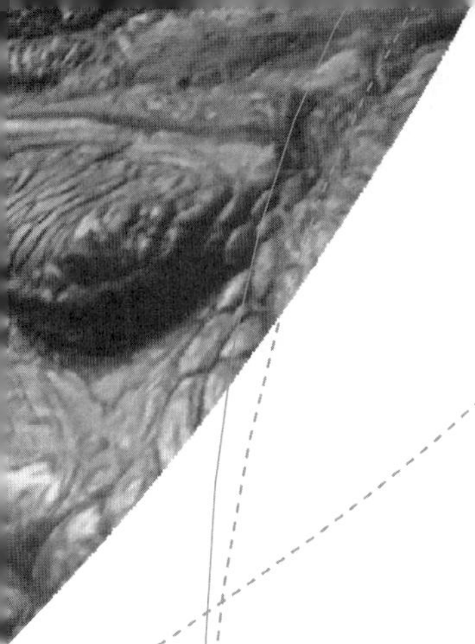

鳄鱼治疗哮喘的方法由来已久。电视剧《霍元甲》中就有记录，霍元甲从小就有哮喘，每次上台比武前都会喝一碗鳄鱼汤，以防止在比武的过程中哮喘发作。

现代研究发现，鳄鱼体内含有一种叫鳄鱼多糖的物质，具有抗感染、抗变态反应、增强肌体免疫力的功效。鳄鱼多糖可在发炎的呼吸道黏膜上形成一层保护膜，使黏膜炎症创面与有毒有害物质隔离，从而起到快速修复呼吸道黏膜的功效。除此以外，鳄鱼多糖最了不起的地方在于它可以刺激骨髓向外周血液释放免疫球蛋白，通过人体自身的免疫力来杀死细菌，这和抗生素越俎代庖的治疗方法截然不同，不会让人体对其产生依赖性。

（文章摘自 http://blog.tianya.cn/post-4787296-52608906-1.shtml）

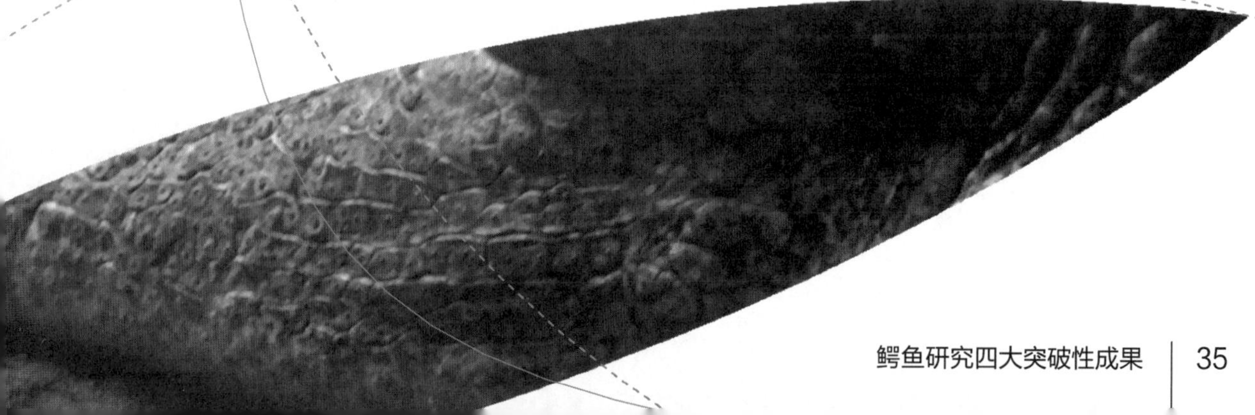

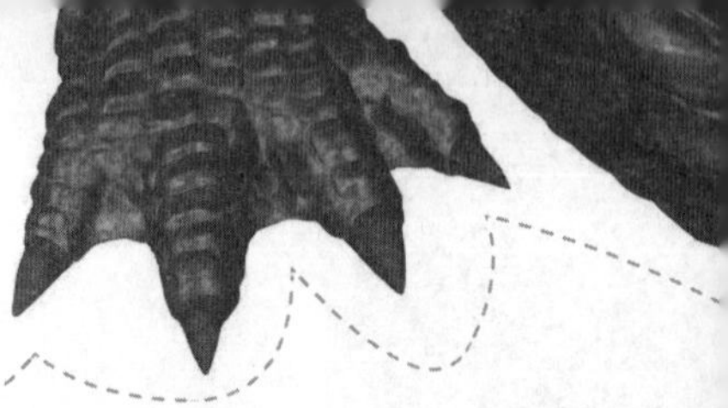

鳄鱼传说

鳄鱼跃上乾隆“千叟宴”

千叟宴最早始于康熙年间，盛于乾隆时期，是清宫中规模最大、赴宴者最多的盛大御宴，在清代共举办过四次。千叟宴是清帝康熙为显示他治国有方和对老人的关怀与尊敬而举办的。

乾隆皇帝共举办过两次千叟宴。第一次因为老人们等待皇帝太久，导致菜肴凉冷不甚成功；第二次千叟宴由内务府总管和珅筹措，为避免重蹈覆辙，他发明了今天常用的铜制火锅，让老人们随时可以吃到热气腾腾的菜肴。不仅如此，和珅还不远千里从越南弄来了可以“补气血，壮筋骨，更兼延年益寿”之功效的鳄鱼干作为上品火锅料（当时从越南到北京即使快马加鞭也需要一个月的时间，鳄鱼肉只能做成鳄鱼干才不会腐烂），以期博得乾隆皇帝的赞赏。

乾隆五十年（公元1785年）正月初六日，宴会在乾清宫如期举行，适逢乾隆喜添五世元孙，自宗室王贝勒以下、内外文武大臣官员、致仕大臣官员、受封文武官阶的士农工商、外藩蒙古王公与台吉、回部和西藏代表、西南土官及朝鲜贺正陪臣等年过60者3 000余人，共聚一堂。整个宫内觥筹交错，熙熙攘攘，殿廊下布50席，丹墀内244席，甬道左右124席，丹墀外左右382席，共800席之多。席间，乾隆帝召一品大臣及90岁以上者至御前，亲赐饮酒；又命皇子、皇孙、皇曾孙在殿内依次敬酒；赐予大家诗刻、如意、寿杖、朝珠、缯绮、貂皮、文玩、银牌等。乾隆帝龙颜大悦，更赋诗一首：

抽秘无须更骋妍，
惟将实事纪耆筵。
追思侍陛髫垂日，
讶至当轩手赐年。
君酢臣酬九重会，
天恩国庆万春延。
祖孙两举千叟宴，
史策饶他莫并肩。

此次千叟宴，最终大获成功，所有菜品均计入清朝史志。其中，山珍海味数不胜数，鳄鱼干更是其中画龙点睛之一品菜肴。

祭鳄鱼文

(唐)韩　愈

维年月日，潮州刺史韩愈使军事衙推秦济，以羊一、猪一，投恶溪之潭水，以与鳄鱼食，而告之曰：

昔先王既有天下，列山泽，罔绳擉刃，以除虫蛇恶物为民害者，驱而出之四海之外。及后王德薄，不能远有，则江汉之间，尚皆弃之以与蛮、夷、楚、越。况潮，岭海之间，去京师万里哉！鳄鱼之涵淹卵育于此，亦固其所。今天子嗣唐位，神圣慈武，四海之外，六合之内，皆抚而有之，况禹迹所掩，扬州之近地，刺史、县令之所治，出贡赋以供天地宗庙百神之祀之壤者哉！鳄鱼其不可与刺史杂处此土也。

刺史受天子命，守此土，治此民，而鳄鱼睅然不安溪潭，据处食民畜、熊、豕、鹿、獐，以肥其身，以种其子孙，与刺史亢拒，争为长雄。刺史虽驽弱，亦安肯为鳄鱼低首下心，伈伈睍睍，为民吏羞，以偷活于此邪？且承天子命以来为吏，固其势不得不与鳄鱼辨。

鳄鱼有知，其听刺史言：潮之州，大海在其南。鲸、鹏之大，虾、蟹之细，无不归容，以生以食，鳄鱼朝发而夕至也。今与鳄鱼约，尽三日，其率丑类南徙于海，以避天子之命吏。三日不能，至五日；五日不能，至七日；七日不能，是终不肯徙也，是不有刺史听从其言也。不然，则是鳄鱼冥顽不灵，刺史虽有言，不闻不知也。夫傲天子之命吏，不听其言，不徙以避之，与冥顽不灵而为民物害者，皆可杀。刺史则选材技吏民，操强弓毒矢，以与鳄鱼从事，必尽杀乃止。其无悔！

译文：

某年某月某日，潮州刺史韩愈派遣部下军事衙推秦济，把羊一头、猪一头，投入恶溪的潭水中，送给鳄鱼吃，同时又警告它：

古时候的帝王拥有天下后，放火焚烧山岭和泽地的草木，用绳索去网捉、用利刃去刺杀，以除灭虫、蛇等那些给人民带来危害的可恶动物，并把它们驱逐到四海之外去。到了后世，帝王的德行威望不够，不能统治远方，于是，长江、汉水之间的大片土地只得放弃给东南各族；更何况潮州地处五岭和南海之间，离京城有万里之遥呢！鳄鱼之所以潜伏、生息在此地，也就很自然了。当今天子继承了大唐帝位，神明圣伟，仁慈英武，四海之外，天地四方之内，都在他的安抚统辖之下；更何况潮州是大禹足迹所到过的地方，是古代扬州的地域，是刺史、县令治理的地区，又是缴纳贡品、赋税以供应皇上祭天地、祭祖宗、祭神灵的地方呢！鳄鱼，你是不可以同刺史一起生活在这块土地上的。

刺史受天子之命，镇守这块土地，治理这里的民众，而鳄鱼竟敢不安分守己地待在溪潭水中，却占据一方吞食民众的牲畜、熊、猪、鹿、獐来养肥自己的身体、繁衍自己的后代；又胆敢与刺史抗衡，争当统领一方的英雄；刺史虽然软弱无能，又怎么肯向鳄鱼低头屈服，胆怯害怕，给治理百姓的官吏丢脸，并在此地苟且偷安呢？而且刺史是奉天子的命令来这里当官的，他势必不得不与鳄鱼争辩明白。

鳄鱼如果能够知道，你就听刺史我说：潮州这地方，大海在它的南面，大至鲸、鹏，小至虾、蟹，没有不在大海里归宿藏身、生活取食的，鳄鱼早上从潮州出发，晚上就能到达大海。现在，刺史与鳄鱼约定：至多三天，务必率领那批丑类南迁到大海去，以躲避天子任命的地方官；三天办不到，就放宽到五天；五天办不到，就放宽到七天；七天还办不到，这就表明最终不肯迁移了。这就是不把刺史放在眼里，不肯听他的话；不然的话，就是鳄鱼愚蠢顽固，虽然刺史已经有言在先，但还是听不进，不理解。凡对天子任命的官吏傲慢无礼，不听他的话，不肯迁移躲避，以及愚蠢顽固而又残害民众的牲畜，都应该处死。刺史就要挑选有才干有技能的官吏和民众，操起强硬的弓弩，安上有毒的箭镞，来同鳄鱼作战，一定要把鳄鱼全部杀尽才肯罢手。你们可不要后悔啊！

（文章摘自 http://so.gushiwen.org/fanyi_4548.aspx）

非洲尼罗河畔的鳄鱼神庙

如果说神庙是荒凉中的壮美，尼罗河水就是浪漫的归宿。从日出到日落，一天可以呈现出从赤橙到碧蓝再到翠绿种种不同的色彩，如同蕴藏着彩虹。而更让人心动的是如同繁星般点缀在河水中的点点白帆，这正是尼罗河上的帆船——FELLUCA。帆船并不太大，也就可以容下七八个人。脚下的甲板上铺着绵密的阿拉伯地毯，散放着几个坐垫。抬头是一个架子，拉上帆布就可以遮太阳，散下四周的帏幔，又变成了一顶流动的帐篷。船老大稳坐在后甲板上，用橹吱吱呀呀地操控着帆船行进的方向。

古帆船的航行是最风雅的复古，一条条漆成雪白的帆船正泊在岸边，从风帆到船身都看不出和帝王古墓里壁画上的有什么不同，随便哪一条都能让你顺着尼罗河驶向历史的那一端。FELLUCA算是埃及最古老的交通工具，少则也有着五千多年的历史。起初船身是扎好的纸莎草抹上沥青，再支上一面亚麻布制成的帆，靠着风力在尼罗河中往来，后来换成更坚固的木料，添了船桨，FELLUCA也从尼罗河驶到了地中海。再后来又多了两重帆，远洋的时刻到了，驾船的却不是埃及人了。

帆船虽然怀古，舒适性却远远比不上游轮。乘坐游轮从卢克索到艾德福只是一夜的航程，早餐之后回到房间，突然发现床单和毛巾已经被叠成了鳄鱼的身形，笨拙地趴在床上。看来鳄鱼神庙应该是今天上岸的重头戏，刚登上岸，远远地就听到鼓声一阵紧似一阵地辗转回旋，正是从神庙脚下的民居院落里发出的。

古埃及时的尼罗河畔常常可以看到鳄鱼的身影，为了防止鳄鱼伤人，人们就把鳄鱼豢养起来并供奉为神明。在古埃及人的头脑中，鳄鱼神与自己最密切关联的事件就是《生死书》中所描绘的最后审判阶段。存留在木乃伊身体里的心脏会被放在天平的一端，另一端是“真理之神”玛阿特放上去的真理羽毛。如果羽毛的一端翘起，说明死者罪孽深重，心脏立即会被在一旁守候的鳄鱼吃掉，永世不得超生。这份敬畏，正是鳄鱼神庙的由来。

鳄鱼神庙建立在小丘之上，并不如卢克索的神庙完整，满墙的壁画不只被基督徒凿得面目全非，也被尼罗河河水严重地侵蚀着。即便如此，所留下的遗迹依旧美丽。鳄鱼神庙最著名的地方在于它同时供奉着两个不共戴天的主神：鳄鱼神和荷鲁斯，所以这座神庙有两个巨大的入口，这在埃及可谓罕见。走入庙宇，错落的神庙、布满象形文字的塔门，在青黄的背景灯的映衬下，仿佛一组凝固的神曲，低沉又有些阴森。庙前的一口深井直通尼罗河，每年尼罗河泛滥时，大祭司就会在这里观察井水的深浅，以确定当年的税率。庙里供奉着几个货真价实的鳄鱼木乃伊，虽然没有想象中的庞大，但那从绷带里挣裂出来的尖牙利齿也足以令人胆寒。

（文章摘自http://roll.sohu.com/20120817/n350875245.shtml）

鳄潮汹涌

中央4台

据新华社报道：美国科学家宣布：

他们从美洲短吻鳄鱼的血液当中分离出来一种蛋白质提取物，而这种蛋白质提取物可能是一种超级抗生素。和传统的抗生素相比，它可能可以更加有效地抵抗艾滋病病毒的感染，还有严重烧伤引起的皮肤感染和糖尿病引起的溃疡以及器官移植过程中的细菌感染。所以说这个发现可能是人类抗生素研究史上的一个重大突破，也就是说人类有可能用这一研究结果实现防治艾滋病病毒的目标并抵抗一些其他超级致病病菌的威胁和侵害。

中央10台

鳄鱼，大家都知道是长期生活在沼泽当中的，沼泽里面的细菌相对也比较多，当它们皮肤有伤口的时候，按理说细菌应该会侵入它们的体内，可实际上并没有，过不了几天，鳄鱼的伤口便会自然愈合。科学家们为此做了一项实验，把鳄鱼的血清和对人体有很大伤害的葡萄球菌放在了一个密封的容器里，过了一段时间之后，经过一场人类肉眼看不见的激烈战争，鳄鱼的血清彻底地战胜了葡萄球菌，这也是鳄鱼具有超强抵抗力的重要原因。在研究鳄鱼超强免疫系统的同时，科学家还偶然发现了鳄鱼血液当中的蛋白质是艾滋病病毒的克星，这对于人类来说无疑是一个好的消息。

英国剑桥大学

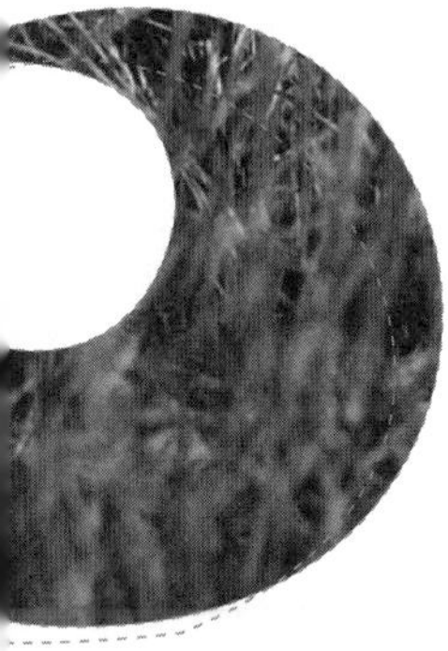

这些远古物种拥有能对付人类最可怕疾病的关键武器。鳄鱼活在满是细菌的肮脏环境中，它们有很强的地盘主义，打斗得满身伤痕，肢体被扯断绝不罕见，但即使伤得很重，鳄鱼通常都不会受感染而是很快就痊愈，其血液里有大自然最强劲的免疫系统。生物化学家马津特博士成年后一直在跟踪研究鳄鱼，既然鳄鱼血液里有强大的免疫系统，那么鳄鱼的血液能对付人类的感染和疾病吗？马津特利用短吻鳄和澳洲咸水鳄的血液进行了一个特别的实验，他用它们的血清来对付抗药性金黄色葡萄球菌。金黄色葡萄球菌是一种能导致人类皮肤严重感染的超级细菌，而其菌株更能抵抗部分抗生素。美国传染病学会称这种细菌为人类健康的最大威胁。马津特把一滴咸水鳄血清注入金黄色葡萄球菌培养皿中间，旁边再注入一滴短吻鳄血清，接着培养皿里展开了12小时的斗争，最终咸水鳄和短吻鳄的血液战胜了这种威胁人类的超级细菌。

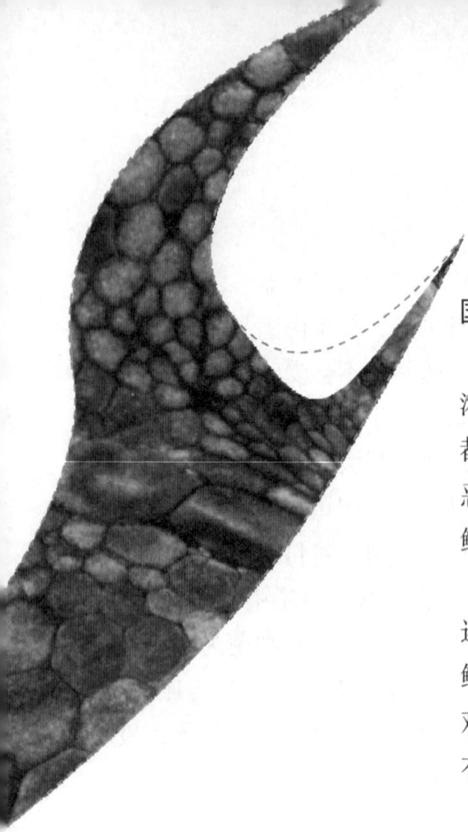

国际鳄鱼研究中心

医学家们将鳄鱼和其他数十种水生动物放养在含有相当高浓度的致恶性肿瘤物质的水中观察，结果短短数月，其他动物都相继死去。医学家们通过解剖它们的身体发现了大小不等的恶性肿瘤，这些动物都是患癌症而死亡的，唯一的幸存者就是鳄鱼。

医学家们继续观察了鳄鱼五年，鳄鱼安然无恙。医学家们还不甘心，于是进一步提高溶液的致癌物质的浓度，并同时向鳄鱼体内注射了黄曲霉素等其他可以导致病变的物质，又继续观察了五年，最后，医学家们对鳄鱼实行了麻醉解剖，结果没有发现任何变异现象，鳄鱼健康如初。

从此世界医学家们对鳄鱼进行了详尽的研究，他们发现从鳄鱼的血清中获得的多肽能快速攻破癌细胞膜，潜入癌细胞内部将其分解粉碎，使其无法复制，具有特异的抗癌活性，同时它还能大幅度地调动体内的吞噬细胞的吞噬能力，将身体内的癌细胞完全吞噬，从而有效地阻止癌细胞的扩散并大量吞噬病灶内的癌细胞。鳄鱼体内具有特殊结构的血红蛋白氨基酸链，这种球状的氨基酸链使鳄鱼的血红蛋白含氧量超过其他动物的100倍以上，如此的供氧储氧能力使其身体具有非凡的生命力。

早在七年前，澳洲和美国的科学家就在澳洲热带地区收集鳄鱼的血液，他们惊讶地发现鳄鱼在环境十分恶劣的沼泽中即使打斗得遍体鳞伤，伤口也不会因为细菌和病毒而发炎病变。他们把冒着生命危险采集到的鳄鱼血液样本送给美国新泽西医学院的专家们进行分析，专家们从鳄鱼血液中分离出一种肽，这种肽能破坏细菌的细胞膜，从而破坏细胞的氨基酸链并能杀死使普通抗生素全然失效的超级细菌。医学家们给这种物质起了一个新的名字——“鳄鱼霉素”。美国医学专家在世界卫生组织相关会议上公布了这一研究成果，并断言其将成为世界上最强的抗生素。

医学专家们还发现鳄鱼血液中的蛋白质同样是艾滋病病毒的克星。澳大利亚的科学家亚当·布鲁说：如果你取一试管的HIV病毒，对比加入鳄鱼血清跟人类血清，结果可以发现，鳄鱼血清所杀死的HIV病毒要比人类血清所杀死的多得多。医学家们认为：如果能把鳄鱼血浓缩制成鲜活生物制品、动物干粉、血液生物制品等，可为人类战胜各类疾病作出巨大贡献。美国、英国、澳大利亚等国家的当代医学专家表示，鳄鱼的医学研究成果在7～10年内一定会走向临床及市场，并为全世界人类捍卫生命作出巨大贡献。

医学研究表明，鳄鱼血液治疗疾病将实现人类抵抗艾滋病病毒、超级致命细菌病毒，以及癌症等威胁的历史性突破。

鳄鱼血清内含强效抗生素，或可抵御艾滋病病毒[①]

如果试验成功，从鳄鱼的血清提取出来的肽蛋白将成为史上最强大的抗生素，甚至可以抗击艾滋病病毒。

说起鳄鱼，人们的第一反应是：你说的是服装品牌中的鳄鱼还是自然界中的鳄鱼？今天，我们要说的可是那个相貌很丑（短腿、披鳞戴甲、牙齿像锥子），性情也不温柔的家伙。鳄鱼是迄今活着的最原始的爬行动物。这个跟恐龙辈分一样的中生代“遗老”，在进化史上的地位可不低。这位老前辈是现存生物与史前类恐龙等爬行类动物相联结的最后纽带。这个脸长、嘴长的家伙，之前对人类最多的贡献莫过于它们的皮肤。不过，这一现象终将改变。最近，美国科学家在短吻鳄的血液中找到了抗感染的关键物质——“超级抗生素”有望就此诞生。

（文章摘自 http://blog.tianya.cn/post-4787296-52608322-1.shtml）

---

① http://www.sina.com.cn，2008年6月30日。

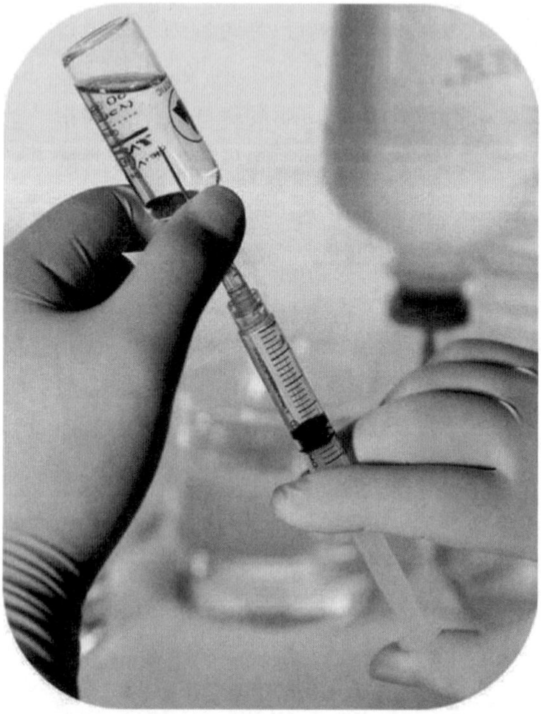

杀菌的肽蛋白

想到这个点子的是个“圈外人”——电视台女记者伏勒顿·斯密斯，一个跟医学没有交集的人。她奉命拍摄一部有关鳄鱼生活习性的纪录片。在拍摄的过程中，伏勒顿·斯密斯发现，鳄鱼在相互撕咬中经常伤痕累累。这些伤口要是换在人类身上，不知道要截肢多少次了。但是，这些凶残的家伙从不会因为这些外伤而感染。看起来，它们的免疫系统很强大，可以快速消灭掉入侵的病毒、细菌和其他的微生物。伏勒顿·斯密斯认为其中必有奥秘，于是将这个想法告诉了一个年轻的鳄鱼专家。于是，他们二人冒着很大的风险，提取到一些鳄鱼的血液（这可不是个容易的活儿，要先捆好捉到的鳄鱼的爪子，然后从鳄鱼头部后侧的一处静脉抽血），并将这些血液寄给美国专家请他们帮忙分析。

很快，美国的研究者就从鳄鱼血液中分离出一种肽，这种肽能破坏细菌的细胞膜及氨基酸链。试验中他们发现，针尖大的鳄鱼蛋白就可以杀死大部分种类的病毒，包括恐怖的抗药性金黄色葡萄球菌（简称MRSA）。

在此，有必要解释一下何谓抗药性金黄色葡萄球菌。事实上，这种细菌在我们皮肤、鼻腔内多少都有一些。身体比较虚弱的时候，这种病菌就会趁机跑到血管内，破坏肌肉。现在抗生素滥用，病菌容易产生抗药性，这时它们就变成了MRSA。这种病的初期症状很像是被虫子咬伤，不容易诊断出来。2007年在全美高中之间迅速蔓延，造成了相当程度的恐慌。

这次，科学家们从鳄鱼血液中提炼的蛋白就可以消灭这种对人类最具威胁的抗药性金黄色葡萄球菌。而且，在试验中还发现，这种蛋白质提取物可以针对8种不同种类的白色念珠菌。白色念珠菌是一种酵母菌，免疫力低下的人群极易感染。

用鳄鱼血清杀死艾滋病病毒

事实上，美洲短吻鳄血液中的蛋白质提取物至少有4种未知的成分。科学家正在努力确定这些蛋白质提取物的化学结构，一旦化学结构确定下来，科学家们就可以制造出超级抗生素了。这些药物将会在未来7～10年内摆上货架。生物化学家马克·麦查恩一直致力于鳄鱼抗生性特性的研究。他说："总有一天，你可能会接受一种鳄鱼血液制品的治疗。我估计，用鳄鱼血液制成的乳脂可能会用于糖尿病患者脚底溃疡，或者防止烧伤患者术后感染，等等。"不过，他也承认，因为鳄鱼的免疫系统对于人类而言可能威力过于强大，需要中和到人体能接受的强度才可以。

经过一段时间对鳄鱼超强免疫系统的研究，科学家发现鳄鱼血液中的蛋白质同样是艾滋病病毒的克星。澳大利亚科学家亚当·布鲁说："如果你取一试管的HIV病毒，对比加入鳄鱼血清和人类血清，结果可以发现，鳄鱼血清所杀死的HIV病毒要比人类血清所杀死的多得多。"鳄鱼对付HIV病毒的方式与人类免疫系统在病毒一入侵时立即正面攻击不同。鳄鱼免疫系统的抗体会附着在细菌上面，把细菌分裂后瓦解，就像拿一把枪对着细菌的头部进行致命一击。看来这次，我们要给鳄鱼记一个特等功了。毕竟，相比用于做皮鞋的鳄鱼皮，能够消灭HIV的鳄鱼蛋白抗生素的功劳可是大多了。

人类的发展史，事实上也是人类与各种疾病作顽强斗争的历史。从天花到鼠疫，从糖尿病到艾滋病，人类在经历无数病痛折磨的同时也在找寻着自己的出路。其实，在大自然赋予我们"潘多拉盒子"的同时，也在我们身边给予了"解药"。自然界运作得如此精巧，让金鸡纳树生长在疟疾常发的南美洲；让胡杨生长在茫茫沙漠中。中国传统医学中的药材大部分是

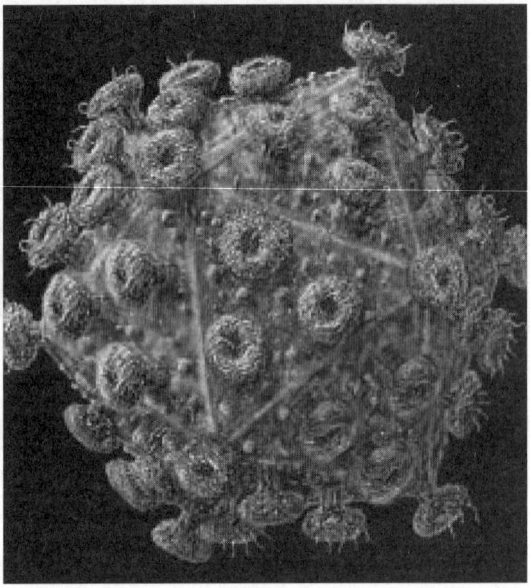

取自于大自然——蜈蚣、蝎子、当归、黄芪等。现代医学的进步，使得人们可以通过更高级的手段从动植物身上提取更为纯净的有用物质。

可是，又有多少人知道能帮助人类治疗艾滋病病毒的鳄鱼，已经属于濒危野生动物了呢？沙漠中唯一的树种胡杨也已经大量消失，地球上每分每秒都有动植物在灭绝，或许其中就有和鳄鱼一样能帮助人类的动植物。当地球上的动物、植物都倒下的时候，最后一个倒下的将是人类自己。曾几何时，我们觉得"保护动植物就是保护人类自己"这句话很空泛，但是，当得知和自己日常生活不是很密切的鳄鱼，竟然能帮助人们治疗感染病和艾滋病的时候，相信大多数人都不会觉得鳄鱼是种丑陋的动物，真正丑陋的是破坏动植物生存环境的人类自己。

（文章摘自http://aids.39.net/jczl/0910/1/1016695.html）

动物为人类提供药物

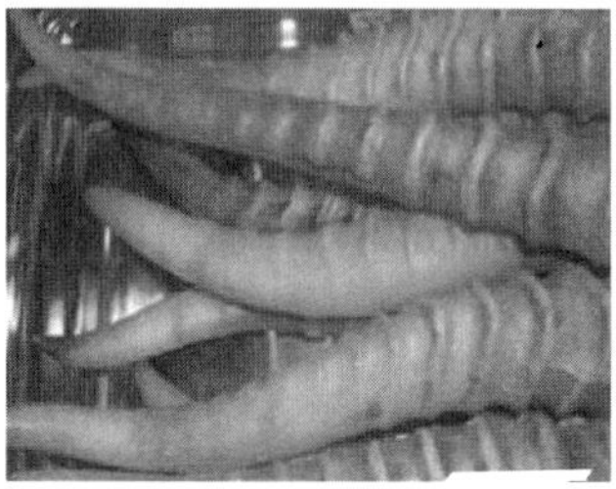

中医中的动物药

当前中医临床常用的动物药有两百多种，其中被列为“细料药”的有几十种，如牛黄、犀角、羚羊角、珍珠、鹿茸、熊胆、琥珀、玳瑁、麝香、猴枣、马宝、蛇胆、海狗肾、蛤蚧、白花蛇、海马、海龙等。中国最早的方书《五十二病方》中就有以鹿肉、鸡血及蛋卵等动物药入方剂以治疗疾病的记载。动物药往往具有疗效独特、毒性低、副作用少、容易被人体吸收等特点。

来自青蛙的抗生素

墨西哥科学家发现青蛙腿内含有一种天然抗生素，能杀灭导致失明的细菌。这种天然抗生素能杀灭诱发皮肤病、白内障、青光眼的多种细菌，其疗效明显高于目前使用的青霉素等人工合成的抗生素，而且不会使细菌对此物质产生抗体，也不会使人体产生抗生素过敏反应和其他副作用。这将为治疗失明提供可能。

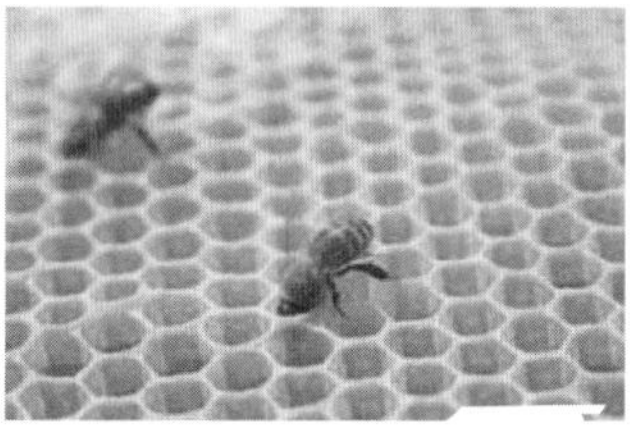

有用的蜂胶

抑菌：1967年，美国的林登佛尔塞的研究证明，蜂胶对25种细菌有抑制作用。1975年，中国的房柱教授等通过试验证明，蜂胶对至少10种癣菌有较强的抑制作用。

消炎：英国牛津大学的考尔德博士等进行的试验显示，蜂胶有抗炎作用，而且蜂胶的抗炎作用比传统药物阿司匹林强。

转基因动物也是药

1992年英国爱丁堡医药蛋白公司培育出一只叫“特雷西”的转基因绵羊，羊奶里含的抗胰蛋白酶可以控制人体组织的生长。1996年，以色列科学家培育出一头叫“吉蒂”的山羊，含有人体血清蛋白基因，可以治疗烧伤、休克和术后的血液损失。中国的转基因羊分泌的乳汁含有活性的人凝血因子LX蛋白，可以治疗血友病。2005年，上海遗传研究所培育出含有人体血清蛋白的转基因试管牛。

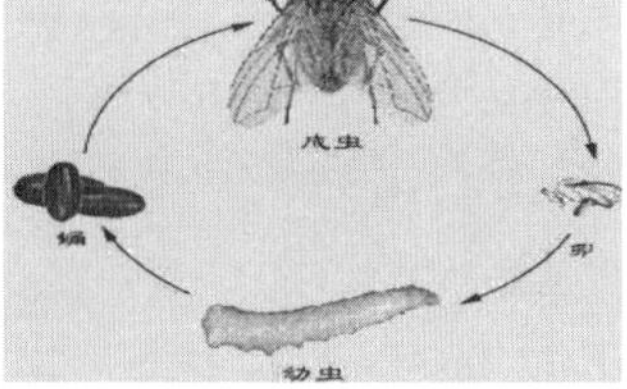

昆虫抗生素

我国科学家近日从家蝇体内提取出了抗病毒活性蛋白，并有望将其继续分离、纯化出“昆虫抗生素”。实验结果表明，家蝇幼虫组织匀浆液对流感病毒的杀灭率达到70%，对乙型肝炎病毒表面抗原的破坏率可达87.5%。据悉，完成这项工作还需要2～3年的时间，届时以家蝇为原料的“昆虫抗生素”可能成为常规抗生素的有力竞争者，引发药物领域的又一场革命。

最新研究称：鳄鱼曾经为早期人类的健脑食品

据美国国家地理网站报道，最新一项研究显示，鳄鱼和哺乳动物曾经是早期人类的美餐，而以富含脂肪的鳄鱼肉为食可能帮助早期人类进化出了体积更大的大脑。

这一研究结论基于在一个史前“厨房”发现的骸骨和人工制品，它们构成了人类以水生动物为食的最早证据。在肯尼亚北部这处拥有195万年历史的遗址，考古学家发现了石制工具和被宰杀的海龟、鳄鱼和鱼类的骸骨，奇怪的是，他们在那里没有发现人骨，这表明早期人类利用这个史前“厨房”来做饭。

据研究人员介绍，早期人类以水生动物为食，可能令某些原始人的大脑体积增加。这是因为，鳄鱼和鱼类富含长链多的不饱和脂肪酸。带领实施这项研究的南非开普敦大学考古学家戴维·布劳恩说，有专家认为这种所谓的有益脂肪是人脑“进化包的一部分”。布劳恩指出，发现的上新世晚期(距今180万年至300万年)“健脑食品”的证据，或能解释距今大约180万年前早期人类及其亲属大脑体积变大的原因。

研究人员在肯尼亚遗址一共发现了大约48种动物的遗骸，那处遗址曾经是与一条条小河交错相连的三角洲。除了水生动物，考古学家还发现了早期人类以哺乳动物为食的证据，比如远古犀牛、河马和羚羊。研究结果刊登在最新一期的美国《国家科学院院刊》上。

据研究人员介绍，一些动物骸骨上面留有遭到简单但锋利的石制工具砍削的痕迹。布劳恩指出，肯尼亚原始人不是鳄鱼猎人，相反，早期人类可能以动物尸体为食，将肉割下来带到厨房切成块并生吃——因为那个时候人类还不会用火。美国佛罗里达州立大学人类学家迪安·法尔科说，以水生动物为食在促进大脑生长和发育方面是有利的，这种说法似乎有其合理性。

不过，他同时指出，“有关大脑体积在距今大约180万年前突然增大的传统看法在过去十年已经失去了理论支持”。法尔科没有参加布劳恩团队的研究。例如，2000年由法尔科领导实施的一项研究发现，人类祖先南方古猿的一些分支，其大脑有一部分早在180万年前就开始变形了——这一趋势与大脑体积增大有关。这项研究曾发表在《人类进化杂志》上。

布劳恩表示，无论如何，对于所有的人科动物来说，哺乳动物和爬行动物在人类进化某个阶段成了我们祖先的美餐，“这可能赋予了早期人类竞争优势”。

（文章摘自http://news.163.com/10/0621/11/69 MTEVNN000146BD.html）

鳄鱼肉成新加坡人“新宠”

新加坡的新兴美食是什么？答案：鳄鱼肉。

如今在新加坡，从高级餐厅到路边小摊都不难见到鳄鱼肉的身影。当地人相信鳄鱼肉有一定的保健效果，常吃能提高免疫力。

吃法多样

新加坡高级酒店丽晶酒店一名女服务员向德新社记者证实，炖鳄鱼肉的确是酒店餐厅的一道畅销菜，她说：“你可以根据是否喜欢广东风味，来决定吃辣味还是微辣。”

在平民化的薰衣草美食广场里，一个卖鳄鱼汤的摊位生意红火。

“我们卖了10到15年的鳄鱼汤，”厨师说，“但它最近才真正流行起来。”当前，这个摊位每天能卖出60碗汤，里面加了一些中药，有祛火功效。每碗鳄鱼汤的售价为10新加坡元（约合7美元），是美食广场中常见的面条、米饭价格的三倍。除了做汤和炖煮外，新加坡人还用鳄鱼肉来烧烤或油炸。

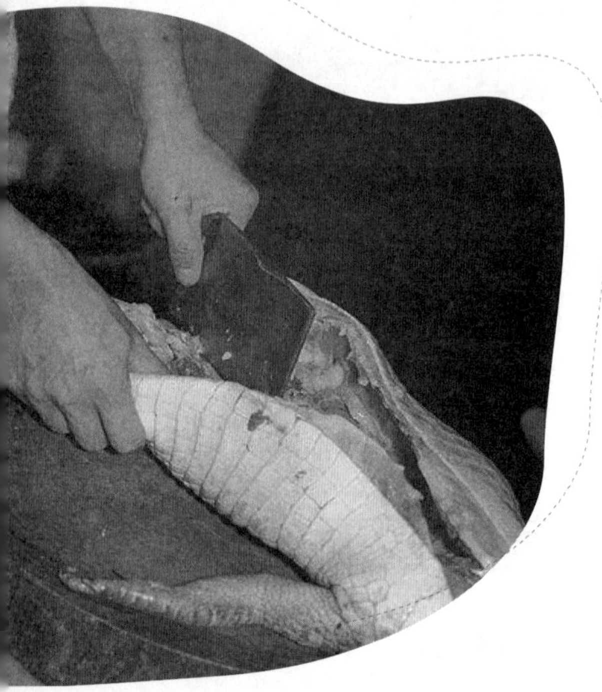

来自农场

新加坡市场上大部分鳄鱼肉来自农光行鳄鱼场。经理罗宾·李介绍说，2010年时，农场每月能销售鳄鱼肉1.5吨，去年增长至2.5吨，客户数量增长至原来的3倍。在新加坡最大的连锁超市中，鳄鱼肉的销量去年增长了10倍。这与鳄鱼场的卖力推销密不可分。

德新社引用李的话报道：“先前，人们不知道这种动物（鳄鱼）从哪里来，是来自野外还是农场。他们也不知道它的味道如何，更不知道如何烹饪。因此，我们就到超市里作演示，告诉消费者怎么做，还让大家试吃。现在，不少人也意识到，鳄鱼肉是一种健康食品，特别对哮喘病人有益。”

观念转变

鳄鱼肉并非新加坡传统食材，但随着消费者抵制鱼翅与狗肉之风日盛，鳄鱼肉作为一种有些新奇的选择进入了人们的视野。

鳄鱼肉的肉质介于鸡肉和鱼肉间，有人说像鳕鱼，有人说像鱿鱼，还有人觉得像扇贝。

不少人相信，从中医角度来说，鳄鱼肉可以补气血、滋心养肺、驱湿邪，对咳嗽、哮喘、风湿和糖尿病都有良好疗效。

在薰衣草美食广场出售鳄鱼汤的厨师说：“鳄鱼对哮喘患者有益。不过，我认为，鳄鱼肉销量之所以上升，是因为人们具有冒险精神，敢于尝试新鲜事物。”

（文章摘自 http://news.sohu.com/20120114/n332193885.shtml）

美国核电站鳄鱼成群之谜[1]

2011年11月28日，一位野生动物学家把一些小鳄鱼放养到核电站的冷却渠中。这些鳄鱼是濒危爬行动物中的一种，它们生活在核电站周围168公里的人工冷却渠内。

几年后，虽然这些濒危动物在这个冷却渠内的数量比原来增加了5倍，但在这里生存它们仍然面临着威胁。生存在这里的鳄鱼多达数百只，有的长达15英尺、重达1吨。它们漫游在核电站周围的沼泽地里。

核电站发言人表示：这是一个双赢的结果。并且据说早在1977年就有工作人员发现了这种特殊情况，并专门在一些地方安放了监视器来确保鳄鱼的安全。现在这个核电站中已经生活了300头鳄鱼，核电站就是它们的第二个家。

① http://env.people.com.cn/GB/17261462.html。

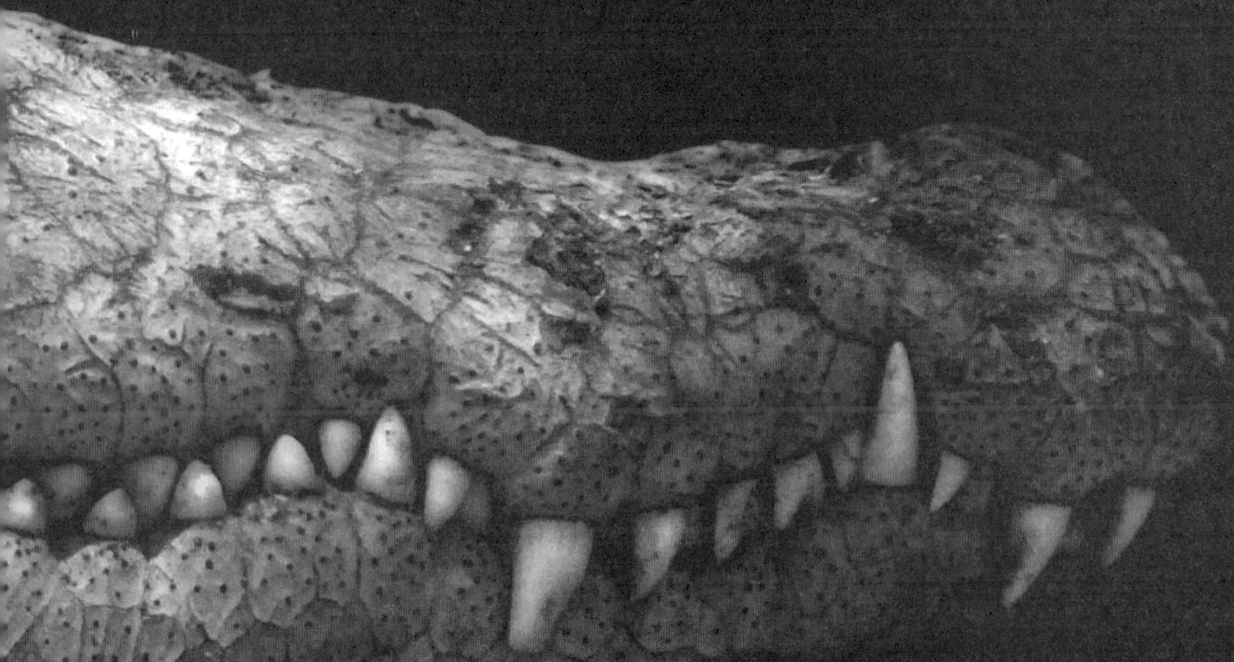

动物黄金

中医认为鳄鱼肉能补血、壮筋骨、驱湿邪，对哮喘、咳嗽、风湿、糖尿病甚有疗效。现代营养研究也指出鳄鱼肉含有大量的蛋白质和人体必需的氨基酸、不饱和脂肪酸、维生素和多种微量元素，被称为“动物黄金”。

鳄鱼肉干还可作为中药的配料，是治疗哮喘的良药。用鳄鱼肉煲汤一直是广州民间养生的习俗，可配川贝、杏仁、海底椰、枇杷、淮山、杞子、天麻等，起清热润肺、化痰止咳、祛头风等效果。近年来，用鳄鱼肉制作的佳肴也丰富起来，红焖鳄鱼便是冬季的一款养生美味，而在专门的食府，鳄鱼料理更是考究，针对鳄鱼的不同部位有不同的吃法：据说鳄鱼头是鳄鱼全身营养价值最高的地方，最宜配川贝、桔梗等煲汤，疗效更佳；鳄鱼尾可清炖、清蒸，更可煎焗，是送酒下饭的美味；鳄鱼掌则可红烧，至于鳄鱼肉，烹饪方法就更多了，清蒸、炒、白灼……而食家对鳄鱼肉的评价是既具陆上走兽的野香，也保持着水生动物的鲜美，不愧为宴席珍品。

清蒸鳄鱼肉

原料：鳄鱼肉250g，生姜2片，洋葱半个，小葱2棵，调料适量。

做法：将鳄鱼肉切成细薄片，拌以适当的调料和辅料（洋葱丝、姜片、葱花），蒸熟即食。

功效：此道菜清清淡淡，一清二白，有解劳热、益气、养神的功效，堪称鳄鱼茶饭一绝。

鳄鱼肉镇咳定喘汤

原料：鳄鱼肉干10克，蛤蚧一只，川贝5克，紫河车5克，蜜枣15克，陈皮1克，猪肺20克，生姜2片。

做法：将猪肺洗净，切片，略炒。放入上述原料并加清水四碗，文火煎至一碗温服或加清水两碗炖两个小时，温服。

功效：补肾、定喘、止咳。主治虚劳咳嗽、久咳不愈及慢性支气管炎等。连续服用4～8次效果明显。

天麻炖鳄鱼头汤

原料：鳄鱼头一个，家鸡（或乌鸡）一只，天麻30克，党参10克，黄芪20克，核桃肉10克。调料依各地饮食习惯而异。

做法：在瓦煲内加入适量清水，放入上述原料同煲。用猛火煲至水开，改用中火连续煲4小时以上熬成浓汤。注：天麻后下。

功效：此汤滋味新鲜，补气养血，且能治头风和呼吸道疾病，老少皆宜。

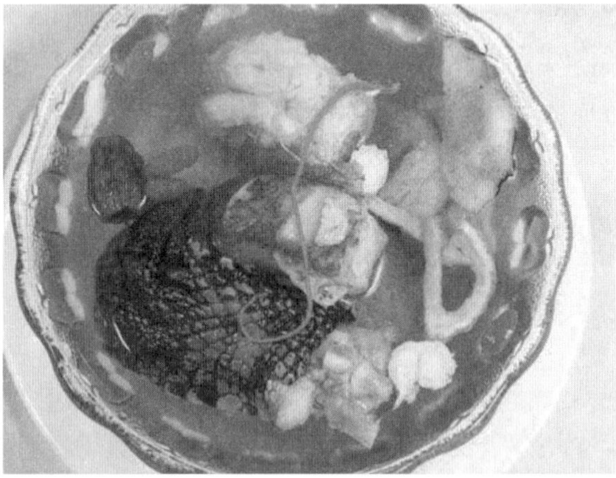

灵芝淮杞鳄鱼汤

原料：灵芝52克，淮山50克，枸杞子50克，陈皮5克，鳄鱼肉250克，猪瘦肉150克，蜜枣2个，生姜2片。调料依各地饮食习惯而异。

做法：瓦煲内加入适量清水，先用猛火煲至水开，然后加入以上原料，候水开，改用中火煲3小时左右，即可佐膳食之。

功效：健脾开胃，补气益肺，强壮身躯。汤水疗效显著，时常饮用能够强劲脾胃，有助胃纳和加强消化功能，又能够补益肺气，增强机体的抗病能力，防治感冒、气管炎等疾病。

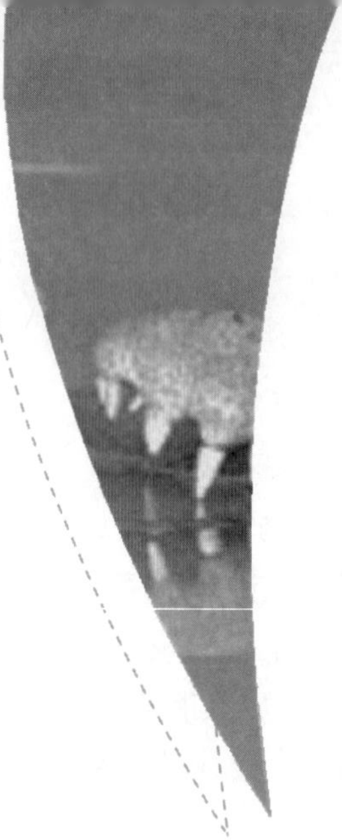

当归生地鳄鱼头汤

原料：鳄鱼头250克，生地12克，红参5克，黄芪15克，川芎3克，甘草5克，桂枝2克。

做法：在瓦煲内加入适量清水，放入上述原料同煲。用猛火煲至水开，改用中火连续煲4小时以上。

功效：清除产妇腹痛和疲惫。

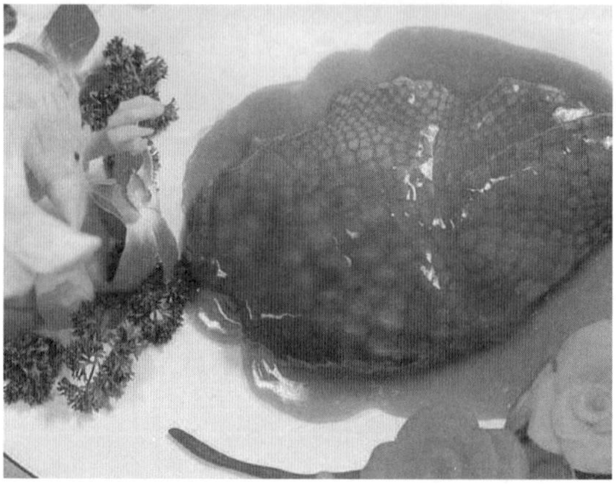

鳄鱼尾胶炖熟地

原料：鳄鱼尾胶50克，熟地15克，柏子仁10克、菟丝子10克。

做法：鳄鱼尾胶用酒炒黄，然后加入上述原料，炖1小时即可食用。

功效：温补肝肾，益精养血，用于头晕血虚腰膝酸冷，养颜整形润发。

红烧鳄鱼肉

原料：生宰鳄鱼肉，鲜笋、冬菇、姜、葱、盐、调料适量。

做法：鳄鱼肉飞水，爆炒；烧锅下油、下味、下料，与鳄鱼肉焗至熟，上碟、淋芡。

口感：香嫩鲜滑。

鳄鱼尾胶

做法：将鳄鱼尾胶放入姜葱水中煮沸，20分钟后捞出；然后加入猪排骨或鸡骨煲汤，再加入少量中药材（如西洋参、枸杞子、山药、玉竹、黄芪等），置于文火上炖1小时即可食用。

功效：鳄鱼尾胶能够滋阴补肾，益气固本，增强体质，护肤养颜，入药亦能治疗肝硬化，抗肿瘤。此汤不但能滋阴补肾，益气固本，还能使皮肤增白，增加弹性和润泽度，减少并延缓皱纹的出现，对过敏症治疗也有满意效果，实为美容佳品。

鳄鱼骨汤

做法：选优质带肉的鳄鱼骨适量，配少量姜、排骨等同炖。

功效：强筋健骨、填精益髓、通和血脉；对风湿骨痛有疗效。鳄骨中含有大量的活性钙和磷等，亦可用于预防和治疗老年骨质疏松、婴幼儿缺钙等。

鳄鱼血饭

做法：蒸熟即可。鳄鱼血饭是一种甜美的热带小吃，滋补甘甜。

功效：具有消炎、清热解毒、消肿瘤等功效，对肺癌、白血病等有特别的疗效。鳄鱼血中含有比当今所发现的一切抗生素还要强有力的抗菌物质，不仅可杀灭病菌，还可消灭霉菌甚至一部分病毒。血液中还含有极为丰富的超氧化物歧化酶（SOD）和超级缩氨酸（SP），对肿瘤细胞具有极强的抑制和杀灭能力。

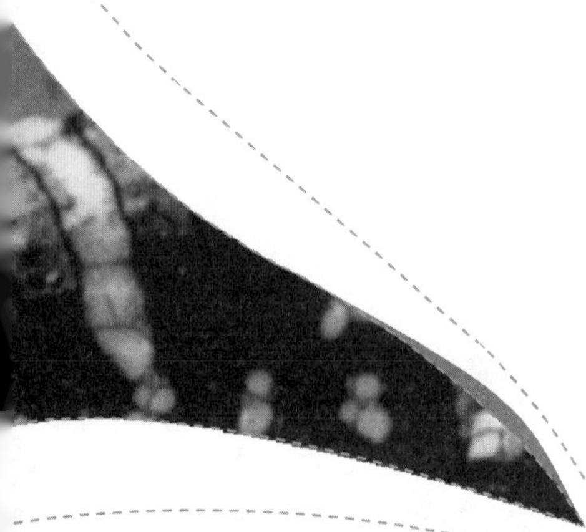

鳄鱼掌

做法：同鳄鱼肉的做法类似。将鳄鱼掌切成块状，加入适当的调料和辅料（洋葱丝、姜片、葱花），煮熟即食。

功效：鳄鱼掌集各种精华于一身，富含丰富的动物胶原蛋白，有滋阴壮阳、补肾固精和护肤养颜的功效，可以增强皮肤弹性，消除皱纹，非常适合快节奏的都市男女。

鳄鱼杂

做法：将鳄鱼杂直接放进由黄芪、枸杞子、山药、胡萝卜、大枣、猪排骨或家鸡熬成的清汤中，加入适量的食盐。待熟后，加调料可食。

鳄鱼杂的食用方法有很多，如清蒸、爆炒、炖等，口感细腻、爽滑，妙不可言。

功效：消积去滞、开胃健脾，有解腻、补虚益肾等食疗功效，特别是对消化道疾病有很好的治疗作用。富含蛋白质和多种人体必需的氨基酸、脂肪酸以及多种维生素和微量元素。

鳄鱼舌

做法：将鳄鱼肉、鳄鱼舌直接放进由黄芪、枸杞子、山药、胡萝卜、生姜、蜜枣、猪排骨或家鸡熬成的清汤中，加入适量的食盐。炖好后即可食用。

功效：具有补气血、滋心养肺、壮筋骨、驱湿邪的功效，而且对咳嗽、哮喘、风湿、糖尿病也有较好的治疗效果。

鳄鱼之战

鳄鱼之战一：湾鳄与猛虎的生死大战[①]

印度贾德拉罕邦一位村民进丛林采蜜，有幸目睹了一场湾鳄与猛虎惊心动魄的生死搏斗。

清晨天未亮，这位32岁名叫拉伯德鲁的村民独自行舟至坎哈大丛林，刚刚停船，丛林深处传来的一声虎啸就惊得他急忙爬上了一棵大树。不久，一只老虎从林中漫步而来，只见它鬼鬼祟祟地在河边东张西望，然后潜伏了起来。一条幼年湾鳄正慢悠悠爬上岸来，看样子不到3米长。老虎突然扑出，伸出前爪踏住鳄背，一口咬住鳄头，"咔嚓"一声就咬碎了鳄鱼的头骨，然后将其拖到树下开始大吃大嚼。

这时，河水翻腾，一条巨大的成年湾鳄爬上岸。老虎好像很不知足，又扑了过去。虎的体长有3米多(不算尾巴)，而湾鳄包括它那条大尾巴则有7米长。

湾鳄张开大嘴示威，可老虎并不害怕，它又一爪踏住鳄背，准备咬向其头。湾鳄摆动起大尾巴抽打过来，老虎一个转身躲过。接着双方开始对视，老虎来回踱步，湾鳄始终保持头部对着老虎。

这样约过了20分钟，老虎大吼一声扑过去一掌击中了湾鳄后颈，顿时湾鳄后颈被打出了一个洞，鲜血直流。湾鳄忍痛一尾扫来，抽中老虎左腿，老虎倒地。湾鳄闪电般转过头咬向虎头，老虎灵巧闪避，这一口咬住了老虎的腹部，老虎的腹部顿时破裂，肠子露出。这下似乎激怒了老虎，它又是一掌击来，打中了湾鳄头部！虎的掌力可以打碎牛头，这一下令湾鳄头上也开了花。

然后老虎又一口咬住鳄颈不放，两头巨兽互相紧咬，谁也不肯松口，在草地上来回翻滚了大半天，虎啸鳄吼早就令林中的动物四处逃窜。这样约翻滚了半个小时，湾鳄一动不动了，老虎企图拔出身体，可无济于事，喘息了几分钟也断了气。很久之后，拉伯德鲁才敢从树上下来，蜜还没采就迅速离开了。

① 来源于*METRO NEWS*。

鳄鱼之战二：湾鳄VS鲨鱼

当一条4.5米长的鳄鱼遇到一条年轻的鲨鱼，结局会怎样呢？一位澳大利亚渔夫日前目睹了这不可思议的一幕。最终，身材明显占优势的鳄鱼赢得了这场“强者”的决斗。

克罗地亚“新闻”网站援引了澳大利亚《北领地新闻报》的报道，这位渔夫名叫克雷格·范·拉维克，当时他位于距达尔文市约100公里的一条河的船上，两只凶猛的动物在离他一米远的地方相遇，他有幸看到了这个壮观的场面——鳄鱼狼吞虎咽般地将鲨鱼吞下肚子。拉维克回忆说：“整个过程并没有太大的动静，只能听见一种‘挤压’的声音。”鲨鱼被很快吃掉，以至于这位渔夫都没看清它属于哪个品种。

而与此同时，另一位渔夫在离此地不远的一条船上也目睹了这一切，并且用照相机记录下了这条鲨鱼生命的最后时刻。

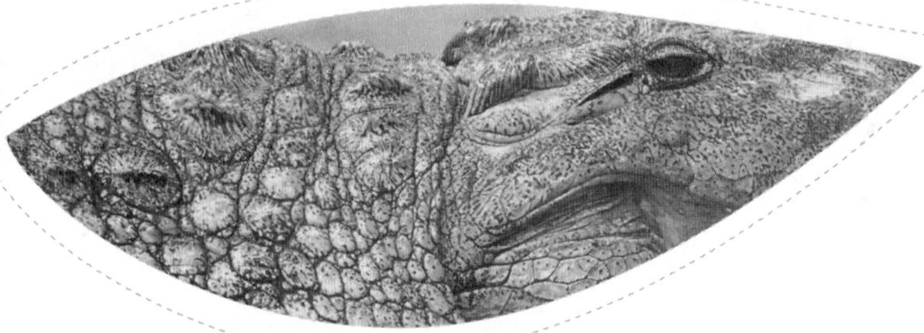

鳄鱼之战三：化石还原6 000万年前巨鳄与巨蛇的生死之战

据美国《生活科学》杂志报道，6 000万年前，哥伦比亚森林可能上演了一场惊心动魄的巨兽之战，犹如怪兽影片中的场景。当时，一头身长20英尺（约合6米）的巨型鳄鱼与地球上体形最大的蛇展开对决。这种鳄鱼的化石是在哥伦比亚的煤矿中被发现的，同一地区还发现了巨蛇骨骼化石。这两种动物曾生活在古代雨林生态系统的淡水中。

首席研究员、佛罗里达州立大学地质学系研究生亚历克斯·黑斯廷斯表示：为了在环境恶劣的年代生存下来，最理想的生存工具就是拥有适应能力，能够生存在很多不同类型的栖息地，适应周围的环境并利用其他动物无法利用的资源。

黑斯廷斯指出，巨型鳄鱼如何适应更高的温度能够启发科学家，有助于了解物种在气候变化和外来物种入侵的情况下可能发生何种变化。研究人员将这种鳄鱼命名为"Acherontisuchus guajiraensis"，它是古新世新大陆热带地区首批出现的陆地动物之一，以鱼类为食。这种鳄鱼的嘴长而窄，长满尖利的牙齿，善于捕杀大型肺鱼和类似北梭鱼的其他鱼类。它们的头骨也发生了变化以适应生存环境，能够快速闭合颚部，死死咬住过往的鱼。

A. guajiraensis可能与现代鳄鱼类似，

后者也以鱼类为食，例如印度的大鳄鱼。然而，古代鳄鱼与现代鳄鱼没有直接的血缘关系，它们只是一个旁支，早已经灭绝。A. guajiraensis与蟒蛇Titanoboa生活在同一栖息地，为了争夺食物而展开竞争。除了这种竞争外，Titanoboa还可能捕杀A. guajiraensis，体形较小的鳄鱼是这种巨蛇最喜欢的食物。Titanoboa是地球上体形最大的蛇，身长超过12米。

黑斯廷斯在接受《生活科学》杂志采访时说："年幼的鳄鱼必须时刻警惕这种巨蛇，因为这种蛇更喜欢捕食小鳄鱼，而不是鱼类。发育成熟之后，它们就安全了，这只是一个时间问题。"

A. guajiraensis是Dyrosaurid家族的新成员，这一鳄鱼种群据悉主要生活在海洋。新发现的A. guajiraensis化石显示，这个家族的一些种群大部分时间都在淡水栖息地度过。A. guajiraensis一度生活在一条宽阔的河流，河水最后流进加勒比海。黑斯廷斯说："它们的骨骼发生了变化以适应新栖息地。低能量的淡水环境与沿海生态系统截然不同。成年个体也会在陆地上生活。"

在导致恐龙以及其他很多大型海洋爬行动物灭绝的灾难中，Dyrosaurid家族幸存了下来。研究人员认为对淡水河和新食物来源的适应能力成为它们得以幸存并从非洲扩展到美洲的关键。这篇研究论文刊登在2011年9月14日的《古生物学》杂志上。

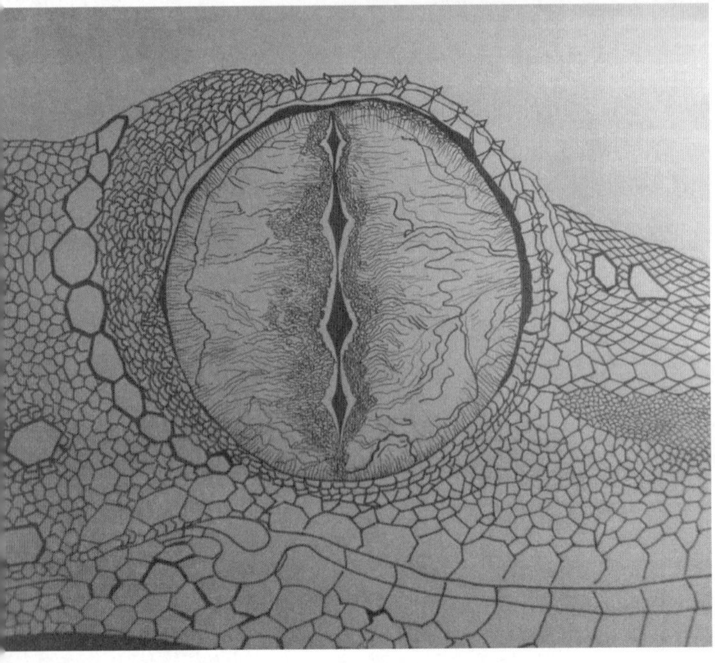

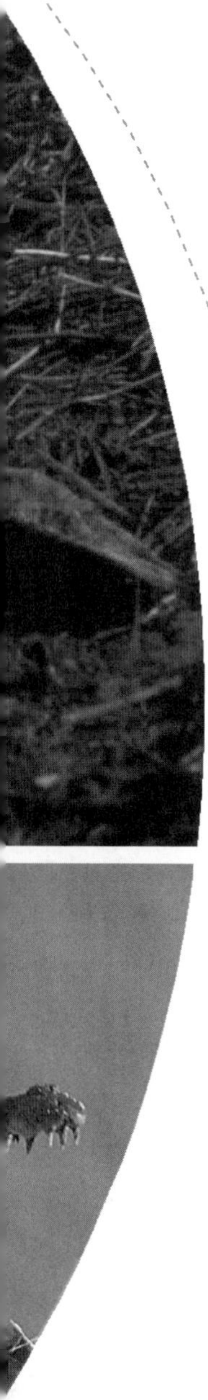

技术前沿

文献1

鳄鱼的活性物质及其药理作用、保健功效研究进展①

1. 鳄鱼是一类神奇的爬行动物

鳄鱼与已灭绝的恐龙是近亲，是最古老的爬行动物，在地球上已生存了两亿三千多万年，因而具有“活化石”之称。鳄鱼属爬行纲、鳄目，共有3科8属25种，世界上现存仅有3科23种，分布于温带及热带地区。

关于鳄鱼的分类，各国分类学家意见不一，大概有三种分类法。按生物学分类大体上可分为三个科，即鳄科（Crocodiles）、食鱼鳄科（Gavial）、短吻鳄科（Alligators）；按鳄鱼的体形大小可分为四大类：①巨大种，②普通大种，③一般种，④小型种；也可根据鳄鱼生存环境分为咸水鳄、半咸水鳄、淡水鳄。在6 500万年前恐龙灭绝了，而鳄鱼却生存了下来，并繁衍进化至今。

鳄鱼体内有一种能够优化核酸的物质，这种物质使核酸充满活力，抗病能力增强，同时激活体内的触酶和SOD，有效地清除体内垃圾，从而延缓生命衰老，鳄鱼寿命超过龟鳖，平均高达150岁。

鳄鱼肌肉内的血红蛋白氨基酸链有着非常奇特的构造，使鳄鱼的血红蛋白携氧量超过其他动物的100倍以上，所以鳄鱼虽用肺呼吸，但在水中闭气本领比鲸、海豚等高得多。因此，开展鳄鱼养殖，对于研究生物进化、繁衍濒危动物、扩大其种群和数量、保护生态环境、探讨其特殊生理活性和在人类医学中的作用，都具有重要的意义。

---

① 作者：许东晖，马海萍，梅雪婷，许实波（中山大学生命科学学院中药与海洋药物研究室）。

2. 我国古代医籍对鳄鱼的论述

《本草纲目》等古代医学典籍曾有鳄鱼药用的记载。鳄鱼古称鼍龙、土龙,《本草纲目》曾记载其甲味辛、性温，有破血逐瘀、消肿生肌之功效。《中华本草》记载：扬子鳄的甲片，药名鼍甲，有化瘀、消积、杀虫功能，主治心腹瘕积聚，崩中带下，疮疥，恶疮，肠风痔疾。

《本草纲目》明确记载：“鼍(即鳄)甲：主治心腹癥瘕；伏坚积聚；寒热；女子小腹阴中相引痛、崩中下血五色及疮疥死肌……肉：主治少呼吸，足不立地，湿气邪气，诸它腹内，症痞恶疮。脂：主治摩风及恶疮……”上述癥瘕主要指现代医学中的卵巢癌，积聚指现代医学中的肝癌，肺癌古时又称肺积。由此可见，鳄鱼体内含有防止和抵抗肿瘤的成分，早有历史记载。

扬子鳄这种古老动物，除可用于制革、观赏和食用外，还有药用价值。据《本草纲目》记载，鼍肉可治“腹内癥瘕”“恶疮”。《医林纂要》有鼍肉可“用熬膏，溃坚拔毒，去瘀生肌”的记载。

现代科学研究表明，用扬子鳄肉饲养的小鼠健康水平有所提高，学习记忆能力增强，对伤害性刺激的耐受能力增强。鳄鱼的脂肪可用于配制防冻膏，对防止皮肤冻伤有明显疗效。

泰国是养鳄大国，主产泰国鳄，鳄鱼的食用及药用在泰国较为广泛，民间认为鳄鱼有强壮身体的作用。

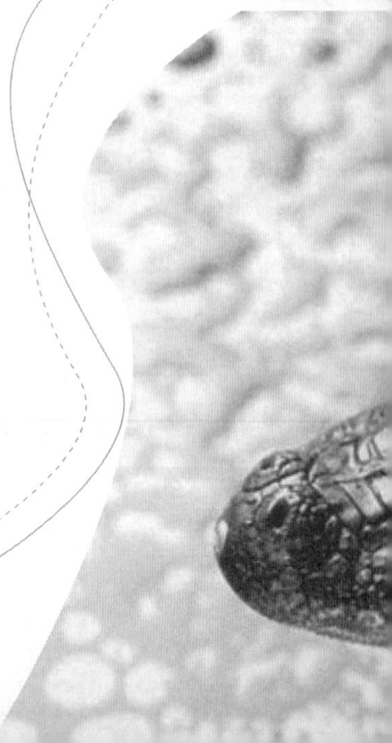

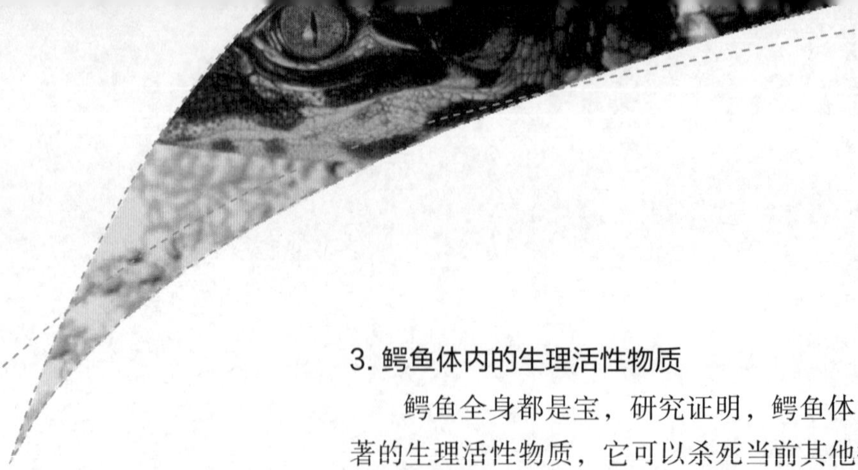

3. 鳄鱼体内的生理活性物质

鳄鱼全身都是宝，研究证明，鳄鱼体内具有独特而显著的生理活性物质，它可以杀死当前其他抗生素无法杀灭的致病细菌，是一种新发现的存在于鳄鱼体内的抗生素。这种新型抗生素是从一种咸水鳄鱼的血液中提炼出来的，因此被命名为“克罗科迪林”。“克罗科迪”在英文等文种中是“鳄鱼”的意思，因此“克罗科迪林”就是“鳄鱼酊”之意。

现已证明，鳄鱼血液中的这种活性物质，不仅具有抗菌作用，而且还有显著的抑制肿瘤的作用。现代医学分析，鳄鱼甲含有大量的骨胶原、蛋白质、钙、磷等成分。鳄鱼胆含20种以上的胆汁酸、胆汁醇等物质。鳄鱼胆所含的熊去氧胆酸、鹅去氧胆酸，是除熊胆之外其他动物胆都不具有的特殊成分。鳄鱼肉含有大量的有机物质，配以中药使用，对呼吸道肿瘤有明显的治疗作用。鳄鱼肉含有Cu、Fe、Zn、Se、Mn、Co、Ni、Li、As、K、Na、Ca、Mg等元素，其中Cu、Fe、Zn、Se、Mn、Co、Ni已被确认为人体必需的微量元素。鳄鱼肉主治癥瘕、恶疮，可能与含有适量的上述微量元素，并且与其他成分共同发挥作用有一定的关联。鳄鱼香腺可作美容用固发胶，脂肪可入药，鳄油是最好的防冻防寒油膏，还可治疗烧伤。鳄鱼肉味道鲜美，是高蛋白、低脂肪、低胆固醇，并含有多种维生素和微量元素的高级食品和滋补品，还具有治疗胃溃疡、哮喘的功效。

4. 鳄鱼的药理作用

4.1 鳄鱼血浆体内外的抗肿瘤作用

采用体外实验MTT法，检测鳄鱼血浆对人胃癌细胞SGC-27901、肺癌细胞GLC-282，白血病细胞K562和鼻咽癌细胞CNE-a生长的抑制作用，并且通过体内实验研究鳄鱼血浆对小鼠肝癌、恶性毒瘤S_{180}和艾氏腹水瘤的生长抑制作用。结果表明，鳄鱼血浆能抑制体外培养的上述细胞的生长，且有一定的量效关系；灌胃给予58.5mg· kg^{-1}鳄鱼血浆，对小鼠肝癌和S_{180}肉瘤的生长抑制率可达41.1%和57.9%，有较好的量效关系，由此表明鳄鱼血浆具有防治肿瘤的作用。

4.2 鳄鱼的甲、胆、肉抗癌药理作用

现代医学分析，若将鳄鱼甲与中药配合使用，具有极强的“走窜行散，活血化瘀，通利经络，透达关窍”之功效。它既能通络散风止痛，又能直接破坏癌细胞的外围防护因子，发挥其对癌细胞的杀灭作用。

鳄鱼胆与中药配合使用，能促进巨噬细胞、淋巴细胞、单核细胞对癌细胞的裂解作用，同时又能促进胆汁分泌，提高胆汁溶解胆固醇的能力，减少胆结石形成。

鳄鱼肉含有大量的有机物质，配以中药使用，对呼吸道肿瘤有明显的治疗作用，既能诱导干扰素产生，促进抗体生成，又可增强网状内皮系统的吞噬功能，增加白细胞，提高免疫能力，阻断致癌性病毒的入侵和复制，同时它还是治疗气管炎、哮喘病之佳品。

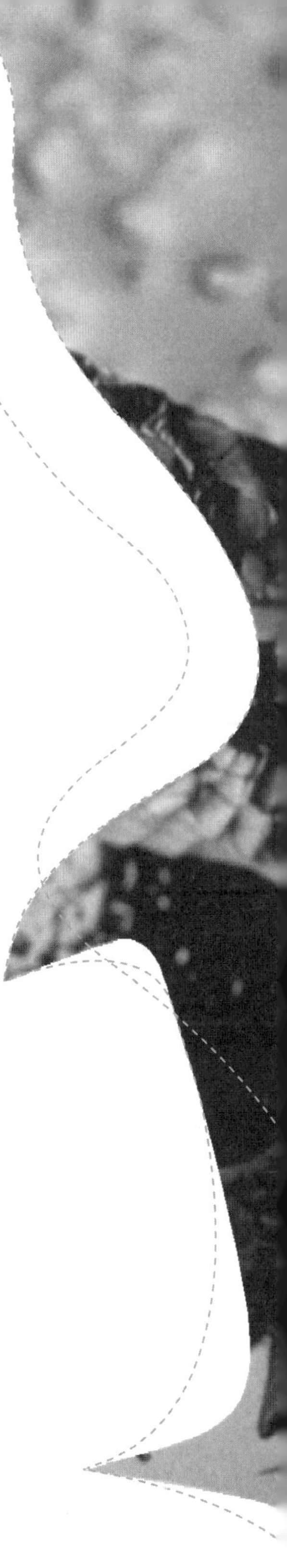

5. 鳄鱼的保健功效

5.1 鳄鱼肉是名贵药膳

鳄鱼肝有补脑、生新血、去湿气之功效；鳄鱼胆有去翳生新，促进新陈代谢的作用；鳄鱼骨可治疗风湿骨痛。

近年来，广州、深圳和香港等地酒家也开始制作多种鳄鱼菜肴。有食家评价，其不仅保存了水生动物的鲜美，而且有陆上走兽的野香，因此颇受顾客欢迎。

5.2 鳄鱼肉具镇咳、祛痰、抗炎以及免疫调节作用

我国古代医学宝库《本草纲目》中记载，鳄鱼肉主治“少呼吸，足不立地，湿气邪气，诸它腹内，症痞恶疮”等症，其中“少气吸吸”即为今天所说的咳嗽、哮喘。

将鳄鱼肉配以中药作药膳，是治哮喘症的良药。鳄鱼肉中蛋白质占16.7%，含量高于猪肉、鸭肉；鳄鱼肉中含有18种氨基酸，其中9种为人类必需的氨基酸，且含量丰富，其中色氨酸、赖氨酸、蛋氨酸的比例为1:3:3，符合联合国对优质蛋白质的要求，又是低脂肪、低胆固醇食品，其营养价值胜过其他兽禽肉类。

采用小鼠氨水引咳和气管酚红排泄法评价鳄鱼止咳膏的镇咳和祛痰作用；采用二甲苯致小鼠耳郭肿胀法、角叉菜胶致大鼠足趾肿胀法及大鼠棉球肉芽肿法评价鳄鱼止咳膏的抗炎作用；通过碳廓清和血清溶血素的测定评价鳄鱼止咳膏对免疫低下小鼠的免疫调节作用。结果：鳄鱼止咳膏能够明显延长小鼠的咳嗽潜伏期，减少咳嗽次数，并显著地抑制小鼠耳郭肿胀和大鼠足趾肿胀，对大鼠棉球致肉芽肿增生也起到较强的抑制作用。鳄鱼止咳膏能显著提高免疫低下小鼠的碳廓清指数以及血清溶血素水平。

5.3 鳄鱼皮、掌和尾具调经、养血、美容等功效

鳄鱼皮、掌和尾含有大量的胶原蛋白，具有调经、养血和美颜功效，对气血两虚及身体瘦弱者实属上等的滋补佳品。在一些西方国家，鳄鱼肉被作为糖尿病患者和产后贫血虚弱的产妇的高档滋补食品。

5.4 鳄鱼肝具补脑、养血益肾等食疗功效

鳄鱼肝有补脑、生新血、去湿气之功效。食用鳄鱼肝可解毒明目，养血益肾，对肝功能欠佳和视力不好者，都具有明显的食疗作用，同时还可以抑制结石的生成。

5.5 鳄鱼胃具开胃、健脾、减肥等功效

鳄鱼胃具有消积去滞、开胃健脾、解腻减肥和补虚益肾等食疗功效，特别是对消化道疾病有很好的辅助治疗作用。

5.6 鳄鱼鞭具壮阳作用

鳄鱼鞭是名贵的特效壮阳食品。

5.7 鳄鱼胆具去翳生新、健体等保健功效

鳄鱼胆有去翳生新、促进新陈代谢的作用，国外有报道将鳄鱼胆囊入药治病。鳄鱼具有强身、健体、美颜之功效也已被世人所肯定。鳄鱼胆制成酒是不可多得的上等保健饮品。

5.8 鳄鱼脂肪酸具降血脂作用

鳄鱼肉经测试，脂肪含量为6.4%，有24种脂肪酸，不饱和脂肪酸占71.3%。其中只存在于海洋鱼类中的不饱和脂肪酸（DHA），在鳄鱼白肌中占5.4%。DHA能促进脑的生长发

育，提高大脑功能，可用于防治老年性痴呆症，故被称为脑黄金。

鳄鱼香腺可作美容用固发胶，脂肪可入药，鳄油是最好的防冻防寒油膏，还可治疗烧伤。

5.9　鳄鱼骨可治疗风湿骨痛

鳄鱼骨可防治风湿骨痛。

5.10　鳄鱼鳞具消积、杀虫、抗肿瘤作用

鳄鱼的鳞甲有逐瘀、消积、杀虫功效，主治“癥瘕积聚，崩中带下，疮疥”。湾鳄鳞甲提取物对肝癌腹水型瘤株（HepA）和艾氏腹水型瘤株（EAC）小鼠模型具有抑制肿瘤生长、延长动物生存时间的作用。

5.11　鳄鱼骨胶粉可防治骨质疏松

鳄鱼骨胶对小鼠具应激功能及造血机能。据报道，鳄鱼骨胶能显著提高小鼠在高温及低温环境中的耐受力，但不能提高小鼠的抗疲劳及耐缺氧能力；对环磷酰胺引起的造血机能障碍，鳄鱼骨胶能提高血小板数量，但对白细胞未见明显影响。结果显示，鳄鱼骨胶有增强机体应激功能及提高血小板数量的作用。鳄鱼骨粉含有大量的活性钙及磷等物质，可用于防治老年骨质疏松、小儿软骨症等。

参考文献

[1]祝炳昭.鳄鱼和养鳄业[J].生物学通报，1995，30(11).

[2]叶健强.给鳄鱼弄张身份证[N].羊城晚报，2001-08-17.

[3]纪家笙.水产品工业手册[M].北京：中国轻工业出版社，1999.

[4]江苏新医学院.中药大辞典(下册)[M].上海：上海科技出版社，1975.

[5]郑玮.伟大的生存者鳄鱼[J].大自然探索，2004(4).

[6]冯明章，魏传娟.济世活人的鳄鱼血[J].野生动物，1999，20(1).

[7]李时珍.本草纲目[M].北京：人民卫生出版社，1982.

[8]许东晖，马海萍，梅雪婷等.鳄鱼血浆的抗肿瘤活性研究[C].第九届全国中药药理学术交流会，2005.

[9]杨怀京.鳄鱼的抗癌药用价值[J].解放军健康杂志，2000(2).

[10]许东晖，罗肇璋，梅雪婷等.鳄鱼止咳膏镇咳、祛痰、抗炎以及免疫调节作用研究[J].中国中药杂志，2007，32(10).

[11]李辉，彭芳，张华明.鳄鱼骨胶对小鼠应激功能及造血机能的影响[J].中国海洋药物杂志，2000(6).

[12]吴素玲.鳄鱼精滋补液营养成分分析[J].食品与发酵工业，2000，26(2).

[13]梅雪婷，许东晖，蒋次莲等.湾鳄鳞甲提取物的抗肿瘤作用[J].中国海洋药物杂志，2006，25(3).

[14]郭喜玲，俞晓进，史智扬等.鳄鱼精滋补液对小鼠免疫功能的影响[J].江苏预防医学，1997，8(5).

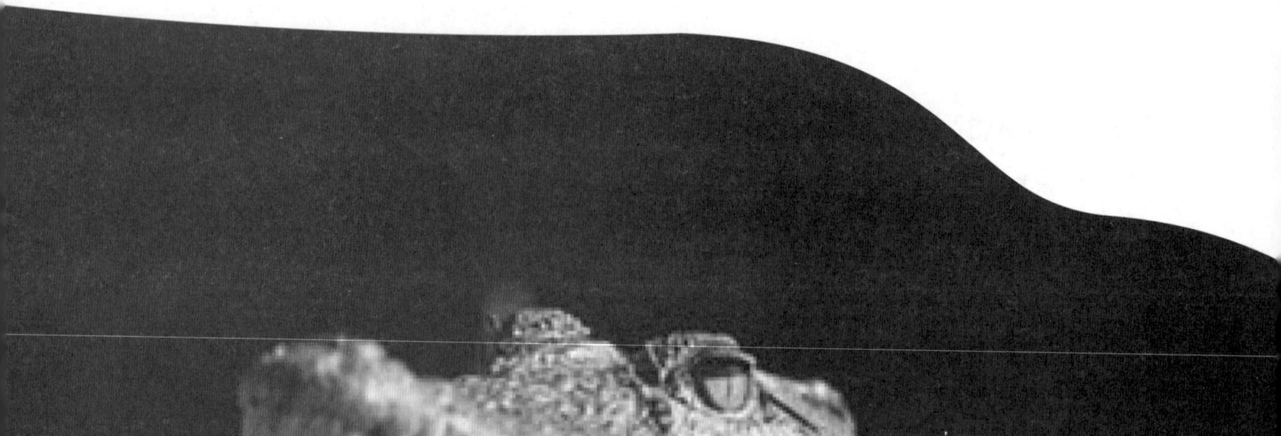

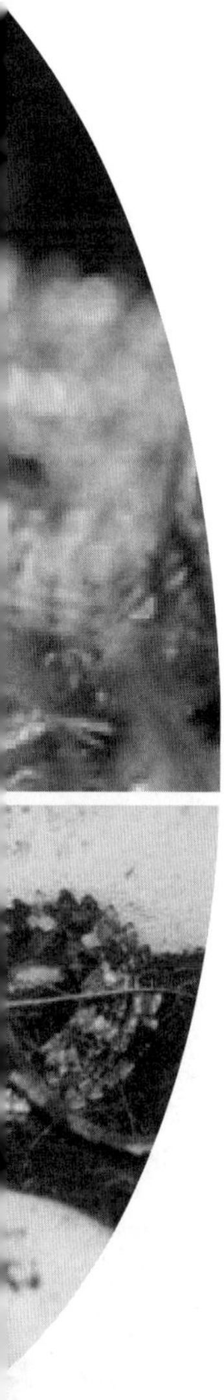

文献2

暹罗鳄鱼肉对小鼠耐缺氧的影响①

鳄鱼是地球上最伟大的生存者，对它的利用始终贯穿在人类的历史当中。我国古代称鳄鱼为“鼍龙”，又称鮀鱼(《神农本草经》)、土龙(《续博物志》)。鼍肉，始载于《名医别录》:“主少气吸吸，足不立地。”(少气吸吸，即指咳嗽、哮喘)。宋代《图经本草》说“南人食其肉，云色白如鸡”。明代《本草纲目》称鼍肉“南人珍其肉，以为嫁娶之敬”“肉至补益，主治短气少力，少呼吸”，将鳄鱼肉用于治疗哮喘、咳嗽、风湿、身体虚损、心腹癥瘕及恶疮肿瘤等。

现代医学证明，鳄鱼肉蛋白丰富，属完全蛋白，九种必需氨基酸一应俱全，且比例适当，符合联合国对优质蛋白的要求。鳄鱼肉的脂肪含24种脂肪酸，其不饱和脂肪酸含量高，对机体有利。此外，鳄鱼肉还含有较丰富的脂肪酸、维生素和多种微量元素；鳄鱼肉能提高血液携氧量，使咳嗽、哮喘患者肺氧交换量增加，改善机体缺氧症状。

林业部在2003年将暹罗鳄列入可以商业性经营利用，驯养繁殖技术成熟的54种陆生野生动物名单中，这为该动物养殖开发提供了依据。

为了验证鳄鱼肉是否有助于提高机体健康水平，提高对伤害性刺激的耐受力(主要针对缺氧耐受力)，我们进行了本实验研究。

① 原载于《医药前沿》2011年第23期，作者：王凤林、刘华、张敏(王凤林、刘华，武警总医院药剂科；张敏，北京中医药大学)。

1. 材料

1.1　原料

人工养殖暹罗鳄鱼肉购自超市，蒸30min后，打成匀浆液，备用。对照采用市售猪肉和鱼肉，也是蒸30min后，打成匀浆液，备用。因鳄鱼肉一般认为有效剂量是每人25g/d，计算得人体每日剂量为0.4g/kg，计算小鼠等效剂量（10倍）应为4g/kg，以此剂量为试验的大剂量，以20mL/kg（0.2mL/10g）给药容积计算，制作鳄鱼肉匀浆液的浓度为20%。同法制作鳄鱼肉小剂量组（2.5倍人体剂量）匀浆液浓度为2.5%，中剂量组（5倍人体剂量）匀浆液浓度为10%；猪肉和鱼肉的匀浆液浓度为20%。

1.2　试剂与药品

盐酸异丙肾上腺素注射液，钠石灰（二氧化碳吸附剂），亚硝酸钠。

1.3　动物

健康ICR雄性小鼠，体重18～22g，北京维通利华实验动物技术有限公司生产，动物许可证号：SCXK（京）2006—0009。

2. 实验方法

2.1 常压耐缺氧实验

小鼠适应环境2d后，称重，随机分成6组，每组20只，即空白对照组、鳄鱼肉小中大组、猪肉对照组、鱼肉对照组。鳄鱼肉小中大组每日灌胃给予鳄鱼肉匀浆液（浓度分别为10%、20%、30%，0.2mL/10g体重，剂量分别为1g/kg、2g/kg和4g/kg），猪肉对照组、鱼肉对照组每日灌胃给予猪肉匀浆液和鱼肉匀浆液，空白对照组每日给予等量饮用水；连续给药30d，每日1次。在末次给药1h后，小鼠注射盐酸异丙肾上腺素注射液。将小鼠置入广口瓶内（内有钠石灰10g），1只/瓶，用凡士林密封瓶口，记录小鼠存活时间。

2.2 亚硝酸钠中毒小鼠耐缺氧实验

小鼠适应环境2d后，称重，随机分成6组，每组20只，即空白对照组、鳄鱼肉小中大组、猪肉对照组、鱼肉对照组。鳄鱼肉小中大组每日灌胃给予鳄鱼肉匀浆液（浓度分别为10%、20%、30%，0.2mL/10g体重，剂量分别为1g/kg、2g/kg和4g/kg），猪肉对照组、鱼肉对照组每日灌胃给予猪肉匀浆液和鱼肉匀浆液，空白对照组每日给予等量饮用水；连续给药30d，每日1次。在末次给药1h后，小鼠注射2%亚硝酸钠，0.1mL/10g，以呼吸停止为指标，记录小鼠存活时间。

2.3 统计方法

采用SAS8.2统计软件进行统计分析，数据以$\bar{x} \pm s$表示，组间比较采用t检验。$P<0.05$和$P<0.01$为显著性差异，具有统计学意义。

3. 结果

3.1 常压耐缺氧实验

结果表明：鳄鱼肉连续服用30d可明显延长小鼠常压耐缺氧时间，与对照组相比较具有明显差异（$P<0.01$，$P<0.05$），且随着剂量的增加呈现耐缺氧的作用提高。

3.2 亚硝酸钠中毒小鼠耐缺氧实验

结果表明：连续服用鳄鱼肉30d可明显延长小鼠的耐缺氧时间，与对照组相比较具有明显差异（$P<0.01$，$P<0.05$），且随着剂量的增加呈现耐缺氧的作用提高。

4. 结论

遏罗鳄鱼肉具有增强小鼠耐缺氧能力的作用。

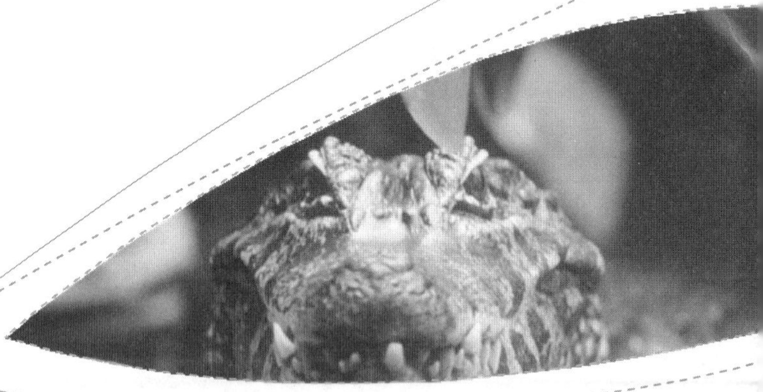

参考文献

[1]郑玮. 伟大的生存者鳄鱼[J]. 大自然探索, 2004(4).

[2]许东晖, 马海萍, 梅雪婷等. 鳄鱼的活性物质及其药理作用、保健功效研究进展[J]. 中国海洋药物杂志, 2007, 26(6).

[3]吴素玲. 鳄鱼精滋补液营养成分分析[J]. 食品与发酵工业, 2000, 26(2).

[4]谢晓梅, 周衍茂等. 扬子鳄肌肉中的微量元素及其功效关系初探[J]. 安徽中医学院学报, 1995, 14(1).

[5]唐樑, 秦明珠. 鳄鱼的药用研究和开发前景[J]. 中国医药指南, 2007, 5(11).

[6]许东晖, 罗肇璋, 梅雪婷等. 鳄鱼止咳膏镇咳、祛痰、抗炎以及免疫调节作用研究[J]. 中国中药杂志, 2007, 32(10).

[7]张硕峰, 李耀武, 孙建宁等. 人工养殖遏罗鳄鱼肉酶解物提高缺氧耐受力的药效学验证[J]. 中国实验方剂学杂志, 2011, 17(2).

文献3

鳄鱼的药用研究和开发前景①

鳄鱼是一种古老的爬行动物，它与恐龙、翼龙同出一祖，是两亿年前侏罗纪和白垩纪时代一度繁盛的动物类型的孑遗，有活化石之称。鳄鱼水陆两栖，分布很广，共有二十多种。鳄鱼经济利用价值极高，皮可以鞣革，制作贵重皮具；肉与卵可供食用，肉味鲜美。鳄鱼还具有多种药用保健功效。

①作者：唐樑，秦明珠。

1. 分类及形态

世界上现存的鳄类动物有二十多种。在分类学上，鳄鱼属于鳄目（Crocodilia）［亦称鳄形目（Crocodiliformes）］，现存的鳄类分为3科：①鼍科（短吻鳄科）。典型的鼍属有2种，一种是美国的密河鼍（一种鳄鱼），另一种是我国特有的扬子鳄。②鳄科。典型的鳄属有11种，广泛分布于热带地区，如湾鳄、暹罗鳄、凯门鳄、尼罗鳄等。③食鱼鳄科。仅恒河食鱼鳄1种。一般把“鳄鱼”作为以上3科动物的通称。

鳄目是爬行动物中最高等的类群。总体来说，鳄目动物外形明显分为头、颈、躯干、尾和四肢，体表被角质鳞；眼具瞬膜；四肢较短。两栖生活，分布于热带、亚热带的大河与内陆湖泊，有极少数生活在海边，以鱼、蛙及小型兽为食。

2. 本草考证

我国古代称鳄鱼为“鼍龙”，又称鲍鱼（《神农本草经》）、土龙（《续博物志》）。作为药用动物，早在南北朝时期

的《本草经集注》就有对鳄鱼甲的记载："味辛，微温。……主心腹癥瘕、伏坚、积聚、寒热，女子崩中下血五色，小腹阴中相引痛，疮疥死肌。"《名医别录》称其"主五邪涕泣时惊，腰中重痛，小儿气癃，眦溃"。《本草拾遗》称鼍甲"主恶疮，腹内癥瘕""炙烧浸酒，主瘰疬，杀虫，瘘疮，风顽疥瘙"。《本草纲目·鳞部》第四十三卷详细记载了"鼍龙"，对鼍甲、肉、脂、肝的功用均有叙述。至于鼍肉(鳄鱼肉)，始载于《名医别录》："主少气吸吸，足不立地。""少气吸吸"即指咳嗽、哮喘。宋代《图经本草》说"南人食其肉，云色白如鸡，但发冷气癥疾"。云南大理地区人民吃鳄鱼肉，取其胆制药，此见于《马可·波罗行纪》。明代《本草纲目》称"南人珍其肉，以为嫁娶之敬"。清代《医林纂要》称鼍肉"用熬膏，溃坚拔毒，去瘀生肌"，则指鳄鱼肉熬膏为药的用法。

我国现存的鳄鱼仅扬子鳄一种。而在古代，生活在我国南方的鳄鱼种类不止一种。韩愈《祭鳄鱼文》："(潮阳)郡西湫水有鳄鱼，卵而化，长数丈。"按唐代一丈约合今2.95米来算，生活在今广东潮州的此种鳄鱼应该体形巨大，有考证说即为湾鳄。鼍入药的记述主要在唐宋，唐代《千金方》收有鼍甲汤，用于治"风癫"。由于历史上对鳄鱼的不断捕杀，导致鳄鱼数量剧减，宋以后鳄鱼入药的情况就鲜有记载。1977年版的《中药大辞典》归纳其功用主治为："治癥瘕、症痞，恶疮溃烂。"广东民间有"川贝炖鳄鱼肉"等食疗菜谱，用于咳嗽、哮喘的辅助治疗。四川南部的彝族人民用鳄鱼肉或胆治疗晕船。

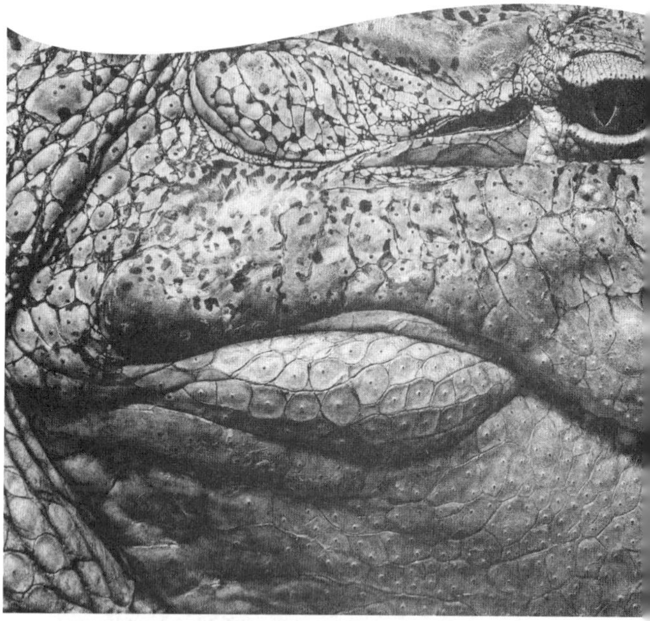

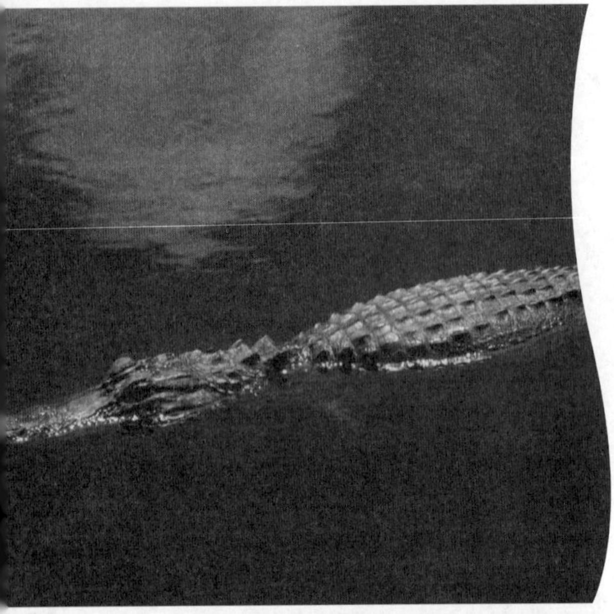

3. 现代医学研究

现代医学证明，鳄鱼全身都是宝，鳄鱼肉、骨、甲及内脏含有丰富的蛋白质、氨基酸、不饱和脂肪酸、维生素和多种微量元素。安徽省扬子鳄繁殖研究中心对扬子鳄肉进行的分析表明，鳄鱼肉中含有24种脂肪酸，其中不饱和脂肪酸占71.3%，而存在于海洋鱼类中的DHA在鳄鱼肉白肌中占5.4%。鳄鱼肉所含蛋白质占16.7%，富含人体所需的9种氨基酸，高于猪、鸡、鸭等肉类。鳄鱼肉中含较高的钙、钠、磷等十几种微量元素，此外，还含有较丰富的鳄鱼多糖。在营养配比方面，鳄鱼肉达到了理想的保健要求。研究表明，鳄鱼肉能提高血液携氧量，使咳嗽、哮喘患者肺氧交换量增加，使呼吸轻松顺畅。

英国科学家研究发现，鳄鱼肌肉的血红蛋白氨基酸链具有独特的球状结构，这使其血红蛋白携氧量超过其他动物的100倍以上，因此鳄鱼在水中闭气能力极佳。科学家正在研究如何运用转基因技术将鳄鱼血红蛋白转为人血红蛋白，以期开发人类血液代用品。

我国古代医书记载用鳄鱼可以治疗“癥瘕”“积聚”。“癥瘕”“积聚”指的就是现代医学所称的卵巢癌、肝癌和肺癌。据报道，鳄鱼鳞甲提取物与中药配合使用，能“走窜行散，活血化瘀，通利经络，透达关窍”，发挥其对癌细胞的杀灭作用。鳄鱼肉含有大量的有机物质，配以中药使用，对呼吸道肿瘤有较强的抑制作用，既能促进抗体生成，又可增强网状内皮系统的吞噬功能，提高免疫能力，阻断致癌性病毒的入侵和复制。

国外科学家最新发现，鳄鱼强大的免疫系统能够杀死艾滋病病毒（HIV）。在澳洲北部收集鳄血样本的科学家称，鳄鱼免疫系统与人类免疫系统的作用机制不同，它能直接向病毒发起攻击，束缚住病毒，将其杀灭。

4. 开发现状和前景

随着人们对鳄鱼研究的深入开展，鳄鱼的经济价值逐渐被认识。1983年原中国林业部和安徽省人民政府共同建立了安徽扬子鳄繁育研究中心，以挽救其濒危状况。1990年以后，我国开始商业性引进并养殖鳄类，此后逐渐升温，发展迅速。我国养殖的鳄鱼除扬子鳄外，其余均从国外引进，包括湾鳄、美洲鳄、凯门鳄、尼罗鳄、暹罗鳄等10余种。

目前，国际上对野生动物的保护与利用渐渐达成一种共识，即保护与开发并举：保护的目的之一是更好地利用。对鳄类的保护也是一样，1998年7月在新加坡召开的世界自然资源保护联盟（IUCN）鳄类专家组第十四届工作会议认为：保护鳄类，首先要让人们认识到鳄的价值；鳄类养殖者可以利用一部分饲养的鳄制成商品，所得的利润用于扩大再生产，从而达到保护与合理利用的目的。十多年来，国际鳄类资源保护与发展的实践证明，这种方法是切实可行的。

2005年，中国国家林业局批准尼罗鳄、湾鳄、暹罗鳄三种鳄鱼列入首批54种可商业经营利用野生动物名录。如今，鳄鱼药膳已进入许多城市的餐饮业。目前国内对鳄鱼的药用研究不多，至于药品和保健品的开发更是刚刚起步。尽管开发药品周期长、风险大，但正因为鳄鱼经济利用价值极高，医药应用前景广阔，因此，依托综合利用的效应，以中医古籍为基础，借助国内外最新研究成果，对鳄鱼的药用价值及其物质基础进行深入研究和开发，是大有可为的。

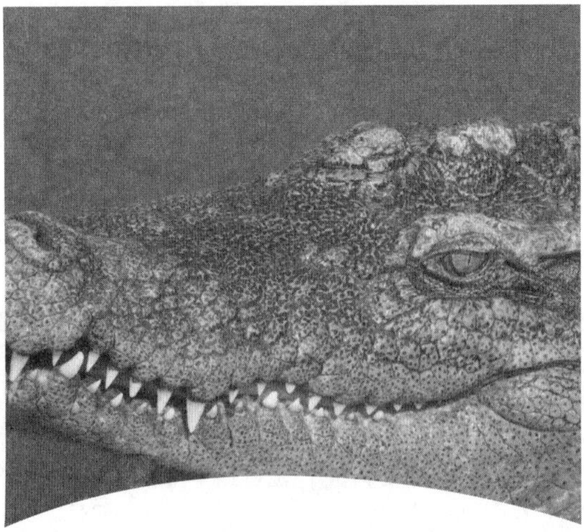

参考文献

[1]赵建成，吴跃峰.生物资源学[M].北京：科学出版社，2002.

[2]邵晖.毒药本草[M].北京：中国医药科技出版社，2004.

[3]冉先德.中华药海[M].哈尔滨：哈尔滨出版社，1993.

[4]李晓春，吴孝兵，马陵合.我国古代扬子鳄减少原因考证[J].动物学杂志，2006，41(1).

[5]贾敏如，李星炜.中国民族药志要[M].北京：中国医药科技出版社，2005.

[6]吴素玲.鳄鱼精滋补液营养成分分析[J].食品与发酵工业，2000，26(2).

[7]Brunori M.，Cutruzzola F.，Vallone B. Haemoglobin Engineering：For Fun and Money[J]. *Current Biology*，1995，5(5).

[8]杨怀京.鳄鱼的抗癌药用价值[J].解放军健康杂志，2000(2).

[9]周敏.鳄鱼养殖与经营利用产业在我国的发展研究[J].福建林业科技，2002，29(3).

名人名言

鳄鱼肽蛋白是一种全新的、强力的、唯一的对人体无任何伤害的超级抗癌物质，它必定会在21世纪为人类战胜癌症作出重大贡献。

——美国诺贝尔医学奖获得者G. M.帕拉得

针尖大小的鳄鱼肽蛋白就可以杀死大部分种类的细菌，包括目前几乎任何抗生素都对其无效的金黄色葡萄球菌和多种白色念珠菌。

——《国家地理》

鳄鱼的血红蛋白氨基酸链有非常奇特的构造，这种球状的构造使鳄鱼血红蛋白的携氧量超过其他动物的100倍以上，这种特殊的血红蛋白进入人体和人体血红蛋白合成后可提高人体的血液携氧量，将足够的氧送到大脑及身体的各个部位，增强体液和细胞的活力及抗突变能力。

——英国剑桥生命科学研究中心科学家Kiyoshi Nagai

鳄鱼肉主治少呼吸，足不立地，湿气邪气，诸它腹内，症痞恶疮。

——《本草纲目》

鮀鱼（即鳄鱼）主治心腹癥瘕，伏坚积聚，寒热，女子崩中下血五色，小腹阴中相引痛，疥疮死肌。

——《神农本草经》

善康顾客在鳄鱼养殖基地拍照留念

善康董事长汪华东在三亚鳄鱼养殖基地与顾客合影留念

善康董事长汪华东在鳄鱼养殖基地与顾客合影留念

南宁顾客与小鳄鱼合影留念

善康顾客与小鳄鱼亲密接触

浙江顾客与善康小鳄鱼亲密接触

善康茂名鳄鱼养殖基地大鳄鱼

善康三亚鳄鱼养殖基地小鳄鱼